彩色图解丛书

超级自然

WONDERS OF THE NATURAL WORLD

[英]大卫·伯尼　著　　张晶　译

北京出版集团公司

北京少年儿童出版社

WONDERS OF THE NATURAL WORLD

著作权合同登记号
图字:01－2014－5199
Original Title: Wonders of the Natural World
Copyright © 2007 Dorling Kindersley Limited
A Penguin Random House Company
© 2017 中文版专有权属北京出版集团公司，未经书面许可，不得翻印或以任何形式和方法使用本书中的任何内容或图片。
注:本书插图系原文插图。

图书在版编目（CIP）数据

超级自然／（英）大卫·伯尼著；张晶译. — 北京：北京少年儿童出版社，2017.4
（DK 彩色图解丛书）
书名原文：Wonders of the Natural World
ISBN 978－7－5301－4807－5

Ⅰ.①超… Ⅱ.①大…②张… Ⅲ.①自然科学—少儿读物 Ⅳ.①N49

中国版本图书馆 CIP 数据核字（2017）第 042343 号

DK 彩色图解丛书
超级自然
CHAOJI ZIRAN
[英]大卫·伯尼 著
张 晶 译
*
北京出版集团公司
北京少年儿童出版社 出版
（北京北三环中路 6 号）
邮政编码:100120
网 址:www.bph.com.cn
北京出版集团公司总发行
新 华 书 店 经 销
北京华联印刷有限公司印刷
*
787 毫米×1092 毫米 8 开本 9 印张 150 千字
2017 年 4 月第 1 版 2017 年 8 月第 2 次印刷
ISBN 978－7－5301－4807－5
定价: 56.00 元
如有印装质量问题，由本社负责调换
质量监督电话: 010－58572393

A WORLD OF IDEAS:
SEE ALL THERE IS TO KNOW

www.dk.com

目 录

世界奇观

旅程开始了！我们将前往地球上最壮观的地方。从崇山之巅到荒漠沙丘，从喷发的火山到恬静的珊瑚礁，从幽深的峡谷到热带雨林。旅程路线贯穿世界各地，覆盖全球各大洲，沿途可以领略最迷人的风景，更可以欣赏最奇特的野生动植物。

挪威峡湾

美国大峡谷
由科罗拉多河长期侵蚀而成，大峡谷里的岩石已经有20亿年以上的历史。大峡谷中有令人眩晕的峭壁，有高耸入云的尖峰石阵，日落景观非常壮美

北美洲

美国大峡谷

大西洋

冒纳罗亚火山

太平洋

亚马孙雨林

冒纳罗亚火山是世界上最大的活火山，大约在50万年前从太平洋表面升起。它巨大的斜坡内包含着大量的熔岩和火山灰，足以将整个纽约州掩埋500米（约1640英尺）深

早在数千年前，寒冰就开始侵蚀挪威西海岸，在那里逐渐开凿出了深深的山谷。今天，大部分的寒冰已经消失，山谷变成了峡湾。凭借陡峭的山坡和宁静的海水，挪威峡湾成为欧洲最热门的度假胜地之一

南美洲

南极洲由巨大的冰川覆盖，是目前地球上最寒冷的大陆。尽管气候恶劣，环绕南极洲的海洋中却生活着各种各样的野生动物，其中包括企鹅和鲸鱼

南极洲

在亚马孙热带雨林中，众多动植物共同生活在一起。在这里，动植物的种类比世界上其他任何地方都要丰富。然而，由于森林里的参天大树被人类大肆砍伐，这一自然奇观正在迅速消失

北冰洋

欧洲

亚洲

珠穆朗玛峰（简称珠峰）是地球上最高的山峰。1953年，人类第一次登上珠峰峰顶。山顶有狂风、暴雪和冰川，非常凶险。然而，地势较低的斜坡处却是一些有趣的动物和植物的家园

澳大利亚大堡礁是世界上最伟大的水下奇迹，数千年前就开始生成。这片水域清澈、温暖，珊瑚色彩鲜艳，为各种各样的鱼儿营造出一个美丽的家园

珠穆朗玛峰 ●

东非大裂谷 ●

纳米布沙漠 ●

大堡礁 ●

大洋洲

太平洋

世界上没有哪个山谷能够超越东非大裂谷。这个巨大的沟壑贯穿东非，一直继续向前深入到中东地区。东非大裂谷以野生动物闻名，其中包括世界上规模最大的食草类哺乳动物群

硕大无比的沙丘，云雾缭绕的海岸，让纳米布沙漠成为世界上独一无二的沙漠。尽管这里多雾少雨，但它并非生命的禁区。这里是一些奇异动植物的家园，这些动植物已经成功地适应了这片土地

美国
GRAND CANYON
大峡谷

大峡谷是世界上最令人惊叹的自然景观之一。峡谷幽深，硕大的空间足以吞没地球上最高大的建筑。峡谷深约1.6千米（约1英里），长约451千米（约280英里），这里的悬崖与山峰在20亿年前就开始形成。大峡谷是科罗拉多河的杰作，巨大的深渊下，河水奔流不息，缓慢地侵蚀着周边的岩石。

高海拔与干燥的气候

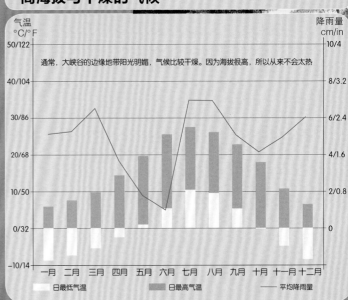

通常，大峡谷的边缘地带阳光明媚，气候比较干燥。因为海拔很高，所以从来不会太热。

气温 °C/°F
降雨量 cm/in

	一月	二月	三月	四月	五月	六月	七月	八月	九月	十月	十一月	十二月

□ 日最低气温　■ 日最高气温　—— 平均降雨量

气候分明

大峡谷很深，以至于峡谷的顶端和底部通常温差很大。在冬季，峡谷的边缘可能被皑皑白雪覆盖，但是峡谷底部的河边却像夏季一样温热

卫星视图

大峡谷贯穿科罗拉多高原。这片广袤的土地位于落基山脉以西。在一年中的大多数时间，这里气候干燥，尘土飞扬，却是耐寒树木和灌木，以及种类丰富的野生动物的家园

古老的悬崖

大峡谷的崖壁由沉积岩构成，悬崖底部是最古老的岩石，而顶部则是最新形成的。河水中的沙砾和碎石不停地侵蚀着崖壁

高山瀑布

一些小溪汇入科罗拉多河时形成了瀑布。其中，最漂亮的是哈瓦苏瀑布，水晶般清澈透明的溪水骤然下降30多米（约100英尺），跃入林荫深处

壮观的日落

傍晚，是观赏大峡谷最激动人心的时刻。此时，夕阳缓缓西落，似乎点燃了整座峡谷，"燃烧"起来的岩石呈现出不同的色彩：有橙色，有红棕色，还有金色。渐渐地，只有峡谷的最高点还能捕捉到一点太阳的余晖。最终，整个峡谷淹没在黑暗中

河上漂流

每年都有数百万人前来观赏大峡谷。最冒险的旅行就是乘坐充气筏沿着科罗拉多河漂流。这是一段艰难的旅程，沿途河水波涛汹涌，需要花费数天时间才能到达终点

科罗拉多河

科罗拉多河发源于落基山脉，汇入太平洋，全长约2301千米（约1430英里）。过去，这条河自由流淌；而现在，人们在河道上修筑了一些世界级高度的水坝

大峡谷北端

大峡谷最北端位于亚利桑那州北部。这里崖壁陡峭，可以把大峡谷南部、东部和西部的景色尽收眼底。由于海拔为2400米（约7874英尺），所以气候凉爽，空气非常清新，大峡谷中的生物主要生活在这片区域——从峡谷北端顶部一直到底部水流湍急的河道。

加州神鹫
这是一种很重的鸟类，它们一天能够飞行241千米（约150英里），寿命可以超过50年

大角羊
大角羊动作非常敏捷，常常成群结队，绕着悬崖峭壁攀爬。羊角的大小决定了谁能成为领头羊

野生驴
野生驴最初来自非洲。这些野生驴身强体健，以峡谷中的杂草为食。为方便饮水，它们常驻留在离河流较近的地方

佛利蒙三角叶杨
这种三角叶杨花繁叶茂，能在潮湿的低地快速生长

郊狼
它们是狗狗家族中的一员。这些孤独的潜行者通食小型哺乳动物，例如河

美洲河狸
这种河狸以水生植物为生，它们可以潜入河水中长达15分钟

甘尼森土拨鼠
这些啮齿动物长得圆圆胖胖的，经常守卫在自己的洞穴入口，并且发出很大的叫声来警告捕食者

仙人掌
干热而坚硬的地面非常适合仙人掌类植物的生长。仙人掌每年4月开花，花期一直延续到6月

美洲河鸟
在河中捕鱼时，这些鸣禽在水下的视力极佳，因为它们拥有一套特殊的、超常的眼睑

黑灌木
这种矮生的常绿灌木遍布整个峡谷，它们通常在夏季开花

巨大的毛茸茸的蝎子
在交配前，这些蝎子的两只钳子相互挥动着，来表演求爱"舞"

大盐湖
美国
大峡谷（大峡谷北端）
亚利桑那州
墨西哥
太平洋

紫绿树燕
我们会经常看到这些艳丽的鸟儿在天空翱翔，它们一般在靠近水的岩石缝隙中筑巢

美洲狮
美洲狮，一种孤独的狩猎者！这种猫科动物行动非常敏捷，通常追逐像大角羊一样的大型猎物

犹他州杜松
凭借多杈树干和发达的根系，这种树能够得到充沛的水分

游隼
游隼，时速高达320千米（约199英里）。它们在高空飞行，经常从天空俯冲攻击猎物

白头鹰
白头鹰——美国国鸟，能以每小时65千米（约40英里）的速度飞行

犹他州龙舌兰
这种龙舌兰能够开花结果，生长很快，可以长到4米（约13英尺）高

大蓝鹭
这是美国最大的苍鹭，它们叫声低哑，经常现身于河中涉水和捕鱼

桶形仙人掌
这种仙人掌以外形似桶而得名，能够长到3米（约10英尺）高，身上长满刺，可以开花

响尾蛇
响尾蛇因其尾部的警告器官能够发出响亮的声音而著名，它们有锋利的毒牙，噬咬猎物时会分泌毒液

长尾小囊鼠
这些老鼠用颊囊临时保管食物，而大量粮食则储存在它们的洞穴中

岩松鼠
岩松鼠惯于隐藏自己，峡谷的峭壁是它们构筑巢穴的理想地点

吉拉毒蜥（美洲大毒蜥蜴）
这种毒蜥在咬住猎物时，下颌腺会释放毒液

山区短角蜥
甲虫、蝗虫、蚂蚁以及小蛇，都可能成为这种蜥蜴的美餐

盛大之旅

壮丽的景色仅仅是大峡谷的一部分。大峡谷边缘以下的低凹之处，是野生动物们栖息的天堂。在那里，鸟类和蝴蝶把峡谷当成私有的娱乐空间，自由飞翔，而桶形的仙人掌则紧紧拥抱着高耸的悬崖。所有这一切，都要归功于科罗拉多河，这是它不断地向下侵蚀岩石，形成数千米深谷的功绩。时至今日，这条河仍然在不知疲倦地工作着。

花儿在早春开放

花底部膨胀形成一个多刺的果实

茎中部储存汁液

仙人掌吸收水分而膨胀

一排排的尖刺

分散的根系用来吸收水分

仙人掌

对于怎样在炎炎酷夏中存活下来，仙人掌可是专家，因为它们能够通过自己发达的根系吸收水分，并将水分储存在青绿多汁的肉质茎中。仙人掌身上的尖刺，阻止了那些口渴的动物侵犯它们的私人水库。仙人掌能开出色彩鲜艳的花朵，用来吸引昆虫和鸟类前来协助传粉

最深处的岩石层向一定的角度倾斜

石灰岩层

砂岩层

页岩层

科罗拉多河现在的位置

毗湿奴片岩

大峡谷是如何形成的

大约500万年前，科罗拉多河开始侵蚀深层易碎的岩石，大峡谷慢慢形成。大峡谷底部是一种黑色坚硬的岩石，这种岩石被称为毗湿奴片岩，已经有大约20亿年的历史。

黑脉金斑蝶迁徙

在春季和秋季，黑脉金斑蝶常常在峡谷中穿行，开始它们每年的迁徙之旅。这些蝴蝶向北飞到加拿大进行繁殖，但它们会在更温暖的地方过冬，如加利福尼亚州的海岸和墨西哥北部的山区。在迁徙的高峰期，能够看到数以百万计的蝴蝶在飞行

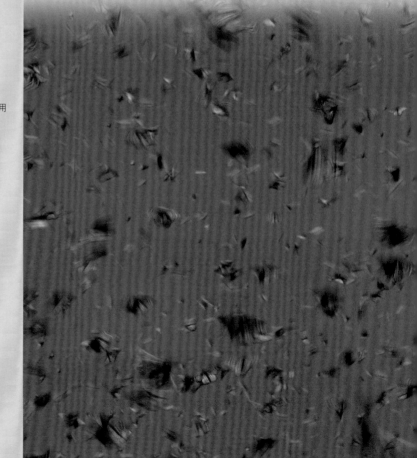

坚韧的喙用来
在树皮上凿洞

又一个橡子被
准备推入树洞

橡子被紧紧
地塞进洞中

相同的树可以年
复一年地被使用

强有力的爪
子抓住树皮

雄性和雌性橡树
啄木鸟都有亮丽
的红头冠

橡树啄木鸟

这些忙碌的鸟儿居住
在峡谷南部边缘的松树上。
它们在树干上凿洞，然后收集
橡子，把橡子一个一个地存储到
洞里。一个"粮仓树"可以容纳5
万个橡子，让这种啄木鸟有足够的
食物度过整个冬季。如果有其他啄木
鸟靠近，这棵树的主人就会把它们赶走

加州神鹫

金雕

土耳其秃鹰

翼展（鸟
类展翼时，
从一翼端到
另一翼端的宽
度）2.7米（约8
英尺9英寸）

翼展2.1米（约7英尺）

翼展1.9米（约
6英尺2英寸）

加州神鹫的回归

加州神鹫是北美最大的飞鸟。20世纪80年代，这
种巨大的秃鹫濒临灭绝，只有22只存活了下来。从那
时起，秃鹫被圈养和放生。现在已有130多只野生的
秃鹫，另外大约有170只秃鹫在养殖站和动物园

冰封的世界

移动着的冰

南极洲超过97%的区域被冰层覆盖。巨冰从大陆中心持续不断地向外移动，形成冰流和巨大的冰川，缓慢地移向大海

不毛之地

干燥谷是南极大陆为数不多的无冰的地方，已经100多万年没有雪花飘落了。这片区域如同火星一样荒凉，人们用火星登陆器对这里进行了探测

冰架

冰川与海岸交汇处常常形成巨大的冰架。罗斯冰架是其中最大的一个，大约与法国国土面积一样大。冰架会在边缘裂开、分离，形成冰山，漂向大海

近海岛屿

南极洲周围的海洋中，岛屿星罗棋布，如凯尔盖朗岛、布维岛和南乔治亚岛等。尽管常常狂风肆虐，这些小岛却是无数的海豹和鸟类的繁殖地

超级冰冻

1983年，俄罗斯南极考察站东方站记录了南极洲创纪录的低温——−89℃(−128.2°F)。南极洲除了是最冷的大陆之外，也是海拔最高和气候最干燥的大陆。这里大部分地区每年降雪少于5厘米(约2英寸)，这使得它比撒哈拉沙漠还要干燥

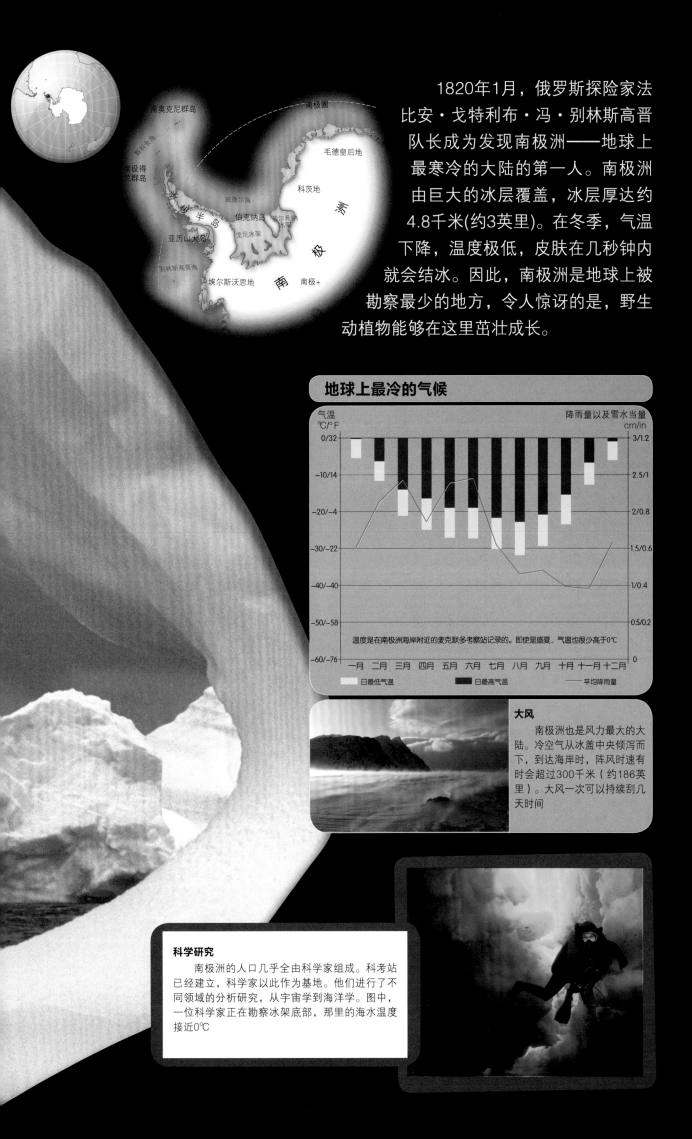

1820年1月，俄罗斯探险家法比安·戈特利布·冯·别林斯高晋队长成为发现南极洲——地球上最寒冷的大陆的第一人。南极洲由巨大的冰层覆盖，冰层厚达约4.8千米(约3英里)。在冬季，气温下降，温度极低，皮肤在几秒钟内就会结冰。因此，南极洲是地球上被勘察最少的地方，令人惊讶的是，野生动植物能够在这里茁壮成长。

南极洲
ANTARCTICA

毛德皇后地
科茨地
南极洲
南极圈
南极
南极奥克尼群岛
南设得兰群岛
威德尔海
伯克纳岛
龙尼冰架
亚历山大岛
埃尔斯沃思地
别林斯高晋海
罗斯海
半岛

地球上最冷的气候

气温
℃/°F

降雨量以及雪水当量
cm/in

0/32
−10/14
−20/−4
−30/−22
−40/−40
−50/−58
−60/−76

3/1.2
2.5/1
2/0.8
1.5/0.6
1/0.4
0.5/0.2
0

一月 二月 三月 四月 五月 六月 七月 八月 九月 十月 十一月 十二月

温度是在南极洲海岸附近的麦克默多考察站记录的。即使是盛夏，气温也很少高于0℃

日最低气温　日最高气温　平均降雨量

大风
南极洲也是风力最大的大陆。冷空气从冰盖中央倾泻而下，到达海岸时，阵风时速有时会超过300千米（约186英里）。大风一次可以持续刮几天时间

科学研究
南极洲的人口几乎全由科学家组成。科考站已经建立，科学家以此作为基地。他们进行了不同领域的分析研究，从宇宙学到海洋学。图中，一位科学家正在勘察冰架底部，那里的海水温度接近0℃

冰上表演

高山，冰川和浮冰景观，使南极半岛成为世界上仅存的大荒野。南极半岛拥有整个南极大陆最温和的气候，是野生动物的乐园。在威德尔海冰冷的水面上，海鸥俯冲低飞，企鹅入水捕鱼；而鲸鱼在享受鲸餐大餐，水花飞溅。

阿德利企鹅
为了捕食到鱼，阿德利企鹅，这些深海"潜水员"可以到达水下170米(约558英尺)的地方

虎鲸
虎鲸位于食物链的顶端。这种鲸鱼没有天敌，它们一天可以吃掉250千克(约551磅)的食物

帝企鹅
帝企鹅是所有的企鹅中体形最大的，它们还是非常强大的游泳健将

雪海燕
千万不要惹恼雪海燕。否则，它们会喷出像蜡一样的胃油来进行防御

黑背鸥
黑背鸥是海里的"清道夫"，什么都吃，包括鱼类、蟹类以及其他鸟类

南极贼鸥
这种强大的贼鸥为了争夺食物会与其他海鸟打架，必要时甚至会杀死它们

岬海燕
由于岬海燕的翅膀和背部有图案，人们给它们起绰号叫"绘图海燕"

南极燕鸥
成百上千的南极燕鸥聚集在一起，它们共同生活，一起捕鱼，一起飞翔

黄蹼洋海燕
这种海燕在进食时，会贴着海面飞行，同时把

食蟹海豹
这些海豹主要以磷虾为食，而不是螃蟹。它们的牙齿像"过滤器"一样，能把磷虾留在口中，把水排出去

威德尔海豹
威德尔海豹可以在水下停留长达一个小时，它们会利用坚固的牙齿在冰上咬出一个洞，用来呼吸空气

泡泡网捕食
座头鲸在水下聚集，然后游出水面，吹出许多泡泡。这些泡泡会使小猎物中圈套，从而成为座头鲸的食物

白鞘嘴鸥
白鞘嘴鸥是南极洲唯一没有蹼足的鸟。这种鞘嘴鸥在陆地上寻找食物

地衣
地衣由水生藻类和真菌构成，它们通常在非常寒冷的环境中生存，生长缓慢

博氏南冰䲢
博氏南冰䲢的鳞中含有一种防冻物质，可以帮助它们抵御寒冷

座头鲸
座头鲸会表演特技，能从水中跃出水面。它们常常聚成小群，一边前行，一边唱歌

帽带企鹅
帽带企鹅由于其刺耳的叫声，而被起了一个"攀石器"的绰号，而它们真正的名字是源于下颌的一圈黑色的羽毛

海藻
许多微小的海洋生物是一些海鸟的食物，它们通常隐藏在这种厚厚的海藻中

冰上生活

南极洲并非一直这么寒冷。数百万年前，它位于遥远的北方，曾经是许多植物甚至恐龙的家园。但是，随着它向南移动，气候变得越来越冷，整个大陆逐渐被冰层覆盖。如今，许多动物生活在南极洲周边的海域，但它们几乎不在冰上繁殖。最引人注目的是帝企鹅。雌性帝企鹅会在秋季产卵，然后由雄性帝企鹅来照看这些卵。在冰冷的极夜黑暗中，雄性帝企鹅孵育着这些卵度过漫漫寒冬。

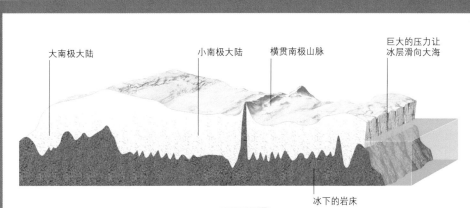

大南极大陆　小南极大陆　横贯南极山脉　巨大的压力让冰层滑向大海

冰下的岩床

南极冰盖

南极冰盖像一个巨大的穹顶，被横贯南极的山脉分成两部分。这些冰由飘落的雪花堆积而成，最深的冰层已有几百万年的历史。这些冰构成巨大冰川，缓缓地滑向大海，有些冰川的宽度达到100多千米（约62英里）。

后腿用于游泳

前腿用于收集漂浮的食物

磷虾

这些像小虾一样的生物生活在南大洋。它们的长度只有约5厘米(约2英寸)，但是，当它们会聚成巨大的虾群时，重量可以达到数百万吨。磷虾是许多南极动物的重要食物。企鹅一个接一个地捕食它们，鲸鱼则大口吞食缓慢移动的虾群

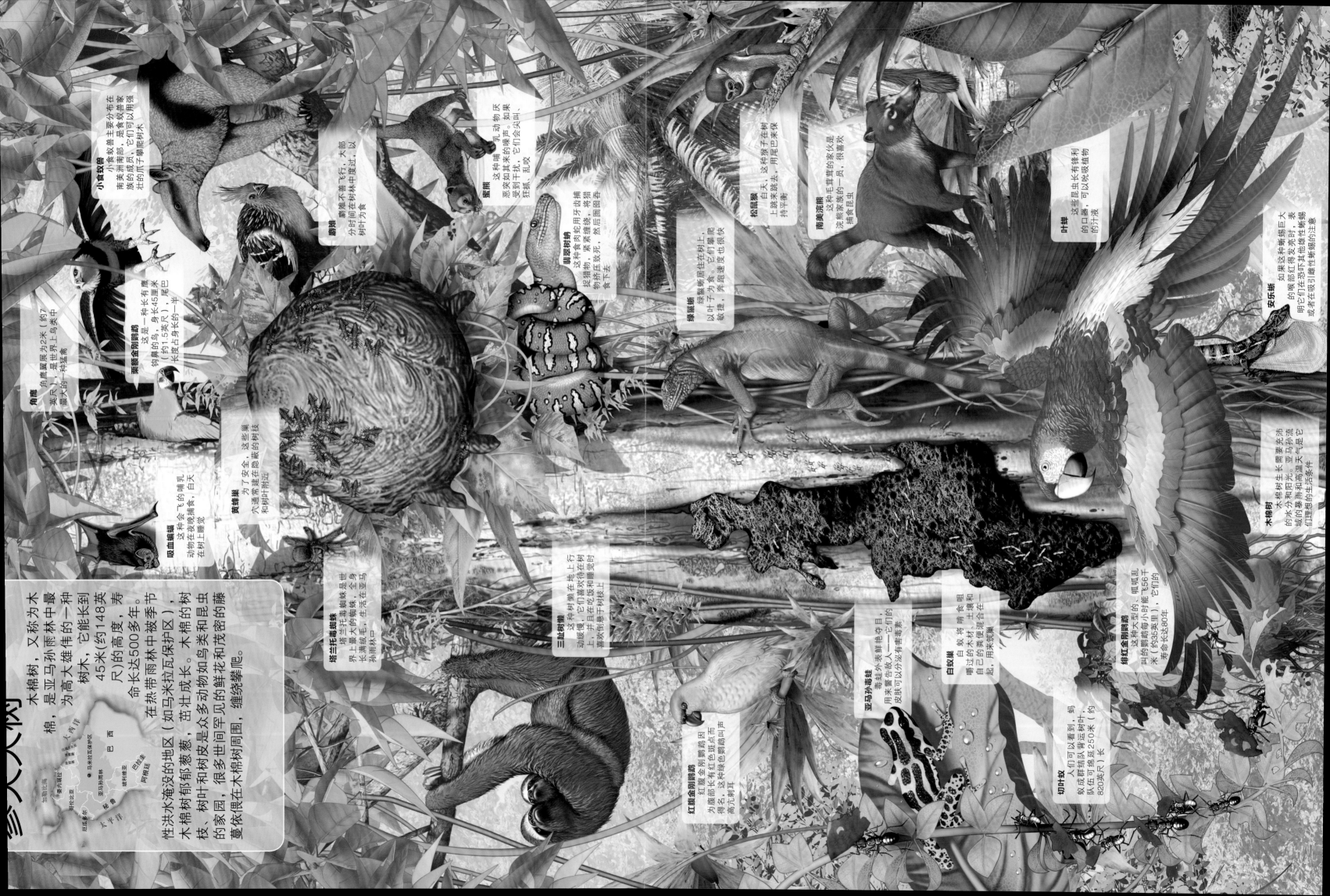

参天大树

木棉树，又称为木棉，是亚马孙雨林中最为高大雄伟的一种树木，它能长到45米（约148英尺）的高度，寿命达500多年。

在热带雨林中被季节性洪水淹没的地区（如马马拉瓦保护区），木棉树郁郁葱葱，茁壮成长。木棉树皮是众多动物如鸟类和昆虫的家园，很多世间罕见的鲜花和树由的藤蔓依附在木棉树周围，缠绕攀爬。

小食蚁兽 小食蚁兽主要分布在南美洲南部，是食蚁兽家族的成员，它们以攀爬树木为生，壮壮的爪子擅长用来攀爬树木。

角雕 角雕，翼展最宽为2米（约7英尺），是世界上鸟类中最大的一种猛禽。

栗额刚鹦鹉 这是一种长有鹰钩嘴的鸟，身长45厘米（约1.5英尺），尾巴长度占身长的一半。

麝雉 麝雉不善飞行，大部分时间在树林中度过，以树叶为食。

蜜熊 这突如其来的嘴声，如果受到干扰，它们会尖叫，狂抓、乱咬。

翡翠树蚺 这种黄肉用牙齿捕捉猎物，紧紧缠绕，然后圆圈吞食下去。

绿鬣蜥 绿鬣蜥居住在树上，以叶子为食，它们攀爬的速度也很快。

松鼠猴 白天，这种猴子在树上跳来跳去，用尾巴保持平衡。

南美浣熊 这种毛茸茸的家伙，很喜欢浣熊家族的一员，捕食昆虫。

叶蝉 叶蝉这些昆虫长有锋利的口器，可以吮吸植物的汁液。

安乐蜥 如果这种蜥蜴受到威胁，它在恐吓其他生物时，表明它们的喉部红得发亮的暴露，它想恐吓或者在吸引雌性生物的注意。

木棉树 木棉树生长需要充沛的水分和阳光。亚马孙高温天气是它们理想的生活条件。

吸血蝙蝠 这种哺乳动物会飞，白天在树上睡觉。

黄蜂巢 为了安全，黄蜂把巢穴通常建在隐蔽的树枝和树叶附近。

三趾树懒 这种树懒在地上行动缓慢，它们喜欢待在树上，并且在吃饱和睡觉时喜欢倒悬于树枝上。

塔兰托毒蜘蛛 塔兰托毒蜘蛛是世界上最大的蜘蛛，全身长满绒毛，生活在亚马孙雨林中。

红腹金刚鹦鹉 因腹部长有红色斑点而得名，这种绿色有鲜艳色彩的鸟高大树耳。

亚马孙毒蛙 毒蛙外表鲜艳令人，用来警告敌人，皮肤可以分泌有毒毒素。

白蚁巢 白蚁将哺乳唱哪过的木材，土壤混在一起，用来筑巢。

绯红金刚鹦鹉 这种大型的鸟叫嘻呱乱叫，鹦鹉每小时能飞56千米（约35英里），它们的寿命长达80年。

切叶蚁 人们可以看到，蚁成群结队青运，队伍可绵延250米（约820英尺）长。

冰雪中的群体

在暴风雪环境中，成年帝企鹅会成群结队地挤在一起，使自己保持温暖。外层的帝企鹅不断挤向群体中心，这使它们能够轮流被保护，免受寒风的侵袭

海底季节

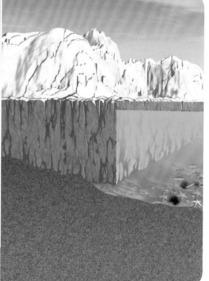

夏季

尽管温度接近冰点，南极海底依然充满生机。有许多动物生活在冰的边缘，例如鱼类、海葵、海胆、海星和珊瑚

冬季

夏季即将结束时，海水结冰，冰架向远方蔓延。动物从浅滩转移到更深的水域，以避免被冰压碎

冬季温情

帝企鹅不建巢穴孵卵。替代措施是，雌性帝企鹅会把它们产的卵交给雄性帝企鹅，由雄性帝企鹅把卵放在脚上，它们会把长有羽毛的外皮垂下来，将卵覆盖住，保持卵的温暖舒适。整个冬季，卵的温度会维持在42℃（107.6°F），哪怕外界的温度低到−60℃（−76°F）

亚马孙雨林覆盖了超过1/2的巴西国土面积，是地球上现存最大的热带雨林。它以流经森林的亚马孙河而得名。这一地区拥有全世界1/3的动植物物种。许多鸟类、昆虫和爬行动物都依靠高大的树木获取食物和建造家园，正如数千年来生活在雨林中的亚马孙印第安人部落一样。

亚马孙
AMAZON RAINFOREST 热带雨林

热带地区的气候

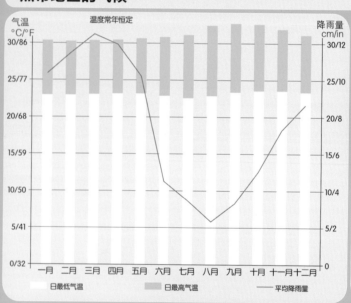

温度常年恒定

气温 °C/°F
30/86　25/77　20/68　15/59　10/50　5/41　0/32

降雨量 cm/in
30/12　25/10　20/8　15/6　10/4　5/2　0

一月 二月 三月 四月 五月 六月 七月 八月 九月 十月 十一月 十二月

日最低气温　日最高气温　平均降雨量

季节性洪水

亚马孙雨林的大部分地区都会受到洪水的影响。在雨季，亚马孙河冲破堤岸，森林被洪水淹没，水深达12米（约39英尺）。洪水可以向内陆漫延20千米（约12英里）

亚马孙人

曾经有500多万土著印第安人生活在这里。现在，只剩下大约20万人。大多数印第安部落过着流动的开拓者的生活。这意味着他们先在一个地方居住下来，进行狩猎和耕作，之后继续向其他地方迁徙。这种生活方式有助于土壤恢复肥力。图中，部落成员正在表演一种礼节舞蹈

破纪录的河流

亚马孙河的水量超过了其他任何河流。它发源于秘鲁境内被冰雪覆盖的安第斯山脉，流经秘鲁和巴西，最终注入大西洋，全长蜿蜒6480千米（约4027英里）。在部分区域，亚马孙河水面极其宽广，以至于从一边的河岸无法看到对岸

亚马孙河流经的路线

高高的山

亚马孙河发源于秘鲁安第斯山脉。它流经南美洲，最终注入大西洋。亚马孙河有一半以上的路线是在巴西境内

水文景观

进入巨大的亚马孙盆地之前，亚马孙河形成了迷人的瀑布，倾泻而下，穿过峡谷。河流沿途景色美不胜收，有小溪、湖泊、激流和沼泽

林冠层

热带雨林的"屋顶"是遮蔽天日的林冠。这里的树木高大，树叶茂密，可以过滤80%的阳光。叶子尖尖的，水会滴落下来，使得真菌无法形成

森林砍伐

多年来，大片森林被砍伐，用于木材供应、开垦农田或者成为人类的新居住地。这样的砍伐速度如果持续下去，到21世纪末，森林就不复存在了

挪威著名的峡湾是欧洲上镜率最高的景观之一。在上一个冰河时代，整个地区都被冰川覆盖。年复一年，冰川侵蚀山腹，造就成千上万的水湾。当冰川融化，海水涌入，便形成了幽深的峡湾。因为海水足够深，各类船舶畅行无阻。一年四季，无论是拖网捕鱼的小船，还是满载世界各地旅客的游船，均遍布在这些风景优美的天然良港。

挪威
NORWEGIAN FJORDS 峡湾

峡湾的特征

拼图海岸

挪威海岸就像一个三维拼图，有成千上万的水湾、湖泊和岩石岛屿。居高鸟瞰，可以清晰地看到冰川侵蚀山脉的印迹

令人头晕目眩的高度

在峡湾的一些地方，岩壁非常陡峭，像骤然跌入水中一般。图中的平顶岩被称为布道台，意思是"讲坛"，俯视着吕瑟峡湾。对胆怯者而言，这里600米（约1968英尺）的落差是严峻的考验

充足的流量

峡湾地区因瀑布闻名于世。在挪威西部，多雨的气候意味着瀑布可以常年川流不息。在冰川消失之后留在山上的水流，也从"悬谷"倾泻而下

高山平台

峡湾高处的山巅与峡湾低处的海岸相比，气候要清凉很多。对树木而言，峡湾高处气候寒冷而且风太大。但是，苔藓和地衣可以在那里裸露的岩石上生长

湿地

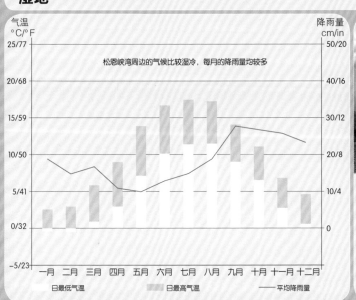

气温
°C/°F

降雨量
cm/in

松恩峡湾周边的气候比较湿冷，每月的降雨量均较多

25/77	50/20
20/68	40/16
15/59	30/12
10/50	20/8
5/41	10/4
0/32	0
-5/23	

一月 二月 三月 四月 五月 六月 七月 八月 九月 十月 十一月 十二月

日最低气温　　　日最高气温　　——平均降雨量

有着漫长冬季的陆地

松恩峡湾位于北极圈以南仅600千米（约373英里）的地方，那里的冬天有漫长的黑夜。在仲夏时节，几乎整日都是白昼。峡湾全年的降雨量都很丰富

海里的收获

挪威水域渔产富饶。数百年来，许多渔港沿着海岸线发展起来。在制冷时代来临之前，人们采用腌制或把鱼挂在木架子上晾干的方法来储存鱼。如今，渔民在海上作业时，经常用寒冰来保存他们捕获的海产品

伫立海滨

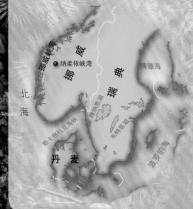

挪威西部的松恩峡湾屡破纪录。它是挪威最长、最深的峡湾，向内陆延伸约200千米（约124英里），深度达到海平面以下约1300米（约4265英尺），这样的深度是埃菲尔铁塔高度的4倍。纳柔依峡湾地势狭窄，是景色最优美而且未受污染的峡湾之一。在这里，鸟儿在茂密的树林里筑巢，动物在悬崖的裂缝中栖身，鱼儿在峡湾里快乐成长。

红交嘴雀
红交嘴雀是雀类家族的一员，叫声婉转动听。它们通常依靠储存松子来熬过寒冷的季节

鸬鹚
这种大鸟头朝下，深深地扎入峡湾，从水中出来时嘴里叼着捕获的鱼

欧亚红松鼠
这种独居的松鼠常常把窝建在树上，它们很喜欢咀嚼松果

木蚁
成百上千的木蚁远离巢穴，长途跋涉去寻找小飞虫和露水来饱餐一顿

野兔
这种野兔非常强壮，行动敏捷，能从捕食者爪下逃脱。但是，它们的胆量很小，通常在夜间外出觅食，食物以植物为主

欧洲驼鹿
这种驼鹿在鹿家族中体形最大。它们胆子很小，居住在森林中，以树上的嫩叶为食

德国黄胡蜂
这是一种很常见的胡蜂。因为禁不住水果和花蜜的诱惑，它们会钻出地下巢穴，四处觅食

松鸡
雄性松鸡羽毛艳丽，体形是雌性松鸡的两倍。它们经常在森林中结伴觅食

田鹬

田鹬是一种外表亮丽的鸟，常在树上筑巢，用昆虫、蠕虫来喂食幼鸟

北极狐

在高海拔地区，这种行动迅速、毛茸茸的狐狸以追捕小猎物为生，如旅鼠、鸟等

棕熊

从青草到浆果，再到啮齿动物和旅鼠，这种巨大的棕熊逮到什么就吃什么

矛隼

在猎鹰家族中，矛隼体形最大，它们可以俯冲扑向半空中或地面上的猎物

白鼬

无论白天与黑夜，白鼬都很活跃，它们机警又敏捷。雌性白鼬负责保护自己的幼崽，并教它们如何捕食

水獭

水獭是游泳健将，它们柔软的皮毛由一层防水毛发保护，用于保持干燥和温暖

鼠海豚

鼠海豚一天可以吃掉将近4千克（约9磅）鱼，尽管它们是最小的海洋哺乳动物之一

野生大西洋鲑鱼

幼鲑鱼以微小的海洋生物为食，而成年鲑鱼则吞食大鱼和鳗鱼，其重量可达到30千克（约66磅）

蛎鹬

顾名思义，这种聒噪的涉水鸟以牡蛎为食，但事实上，它们更喜欢吃蠕虫和昆虫

红嘴鸥

红嘴鸥叫声很大，也很独特，因此它们又有一个别名叫"笑鸥"

林蛙

寒冷、潮湿的地方适合林蛙生存。冬季，它们在水下冬眠，利用皮肤呼吸

聚焦峡湾

数千年前，挪威海岸线被冰层覆盖，一年到头气候相同。如今，冰早已消融，峡湾也已形成，而且有了季节和温度的变化。一些动物会在这里来来往往——取决于食物的充足与否。但有些动物，如红木蚂蚁，会在这里建造永久的家园。它们的巢穴一开始很小，数年后可以达到1.5米（约5英尺）高，"居民"数量超过100万。

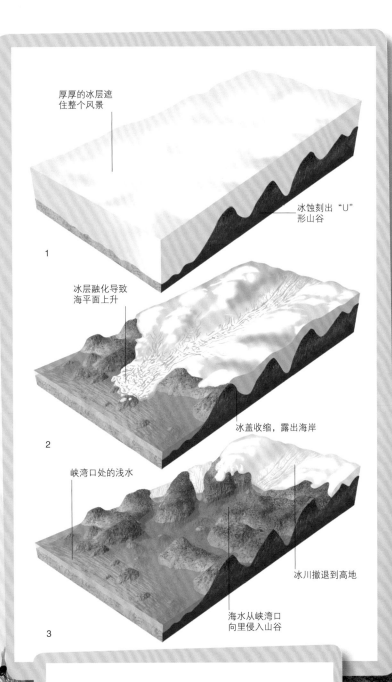

厚厚的冰层遮住整个风景

冰蚀刻出"U"形山谷

1

冰层融化导致海平面上升

冰盖收缩，露出海岸

2

峡湾口处的浅水

冰川撤退到高地

海水从峡湾口向里侵入山谷

3

峡湾是如何形成的

1. 在上一个冰河时代，挪威目前的海岸线完全被冰盖笼罩。海平面远低于今天。当冰川向下流动的时候，山脉被侵蚀形成了深凹的山谷。

2. 当气候变暖，冰盖融化，海平面开始上升。随着冰川消融，海水淹没了山谷。

3. 如今，大多数冰盖已经融化，山谷变成了峡湾。在每一个峡湾口，通常有一个浅层的水下山脊，这是冰川跌入海中时形成的。

筑巢

红木蚂蚁将坠落的松针和嫩枝堆在一起，用来筑巢。巢穴外表像一个茅草屋顶，用以保持巢穴内干燥。夏天，蚂蚁们忙于收集食物；冬天，它们躲在巢穴深处

保育室

每个巢穴都是一个由通道和房间构成的复杂网络。一些房间用于储存蚁卵，而另一些留给正在发育的幼虫。当幼虫完全发育成熟，它们就把自身封闭在丝茧中。数天后，丝茧裂开，成年蚂蚁就会从丝茧中爬出来

成年鲑鱼
　　成年鲑鱼主要在海洋中生活

鲑鱼卵
　　鲑鱼卵产下之后，被安置在河床沙砾中

刚孵出的鲑鱼苗
　　新孵出的鲑鱼生活在河床上

幼鱼苗
　　这些幼鱼以蠕虫或其他微生物为食

大西洋鲑鱼的生命周期

幼鲑鱼
　　几个月大的幼鲑鱼与成年鲑鱼外形相似

小鲑鱼
　　1~4岁的小鲑鱼开始向大海迁徙

触角用来探路

工蚁的下腹能喷出酸性物质

蚂蚁的腿（6条腿之一）

强健有力的颚

蚂蚁解剖学
　　无翅红木蚁腰身纤细，长有长长的触角（或触须）。它们的眼睛很小，主要靠触觉和嗅觉前行。工蚁的颚强健有力，有利于它们收集筑巢材料和食物

从海中归来
　　挪威海岸以盛产鲑鱼闻名。为了繁殖，这些鲑鱼经常穿过峡湾，向上游迁徙。每一条河流都有独特的味道，通过品尝海水，成年鲑鱼能够找到自己出生的河流。雌鲑鱼在河床上产卵。孵化出来的小鲑鱼，要经历几个生命阶段才能重回大海

季节性"外套"

夏装
　　北极狐栖身于峡湾上面的高地，那里几乎无处藏身。夏天，北极狐的皮毛呈深棕色。这种颜色为狐狸提供了很好的伪装，觅食之时，狐狸与岩石的颜色融为一体

冬装
　　在冬季，大多数北极狐会长出白色的皮毛，使它们在雪中可以很好地伪装自己。这种皮毛很长很厚，狩猎时也能保持温暖。在极冷的环境下，它们通常待在地下洞穴中

东非大裂谷

RIFT VALLEY

埃塞俄比亚
南苏丹
乌干达　肯尼亚
索马里
刚果民主共和国
东非大裂谷
卢旺达
布隆迪
印度洋
坦桑尼亚
赞比亚
马拉维
莫桑比克

在数百万年前的东非，当地球深处的热能将地面缓缓撕裂开时，一个硕大的地沟诞生了！地沟长约6500千米（约4039英里），平均宽48~65千米（约30~40英里），地沟两侧的悬崖气势磅礴，陡然耸立，因此，它被称为东非大裂谷。这里有活火山、温泉，还有幽深的湖泊。峡谷广袤的草原举世闻名，各种各样的野生动植物生活在其中。

草原指南

水坑

在东非大裂谷存活，水坑是必不可少的。有些动物能从食物中获取它们所需要的水分，但许多哺乳动物和鸟类每天都要来水坑饮水。猎食者掌握了这一规律，常常守候在水坑边，伺机捕获自己的猎物

火山

东非大裂谷由火山热能撕裂地面生成。目前，谷底依然散布着许多活火山。坦桑尼亚境内的伦盖亚火山是其中最大的一个。它的海拔将近3000米（约9842英尺），最近一次爆发是在2006年

食草动物

东非大裂谷中的草原面积广阔，是许多动物的栖息地。这里草质肥美，为羚羊、斑马、水牛等野生哺乳动物提供了食物。当地牧民也用草饲养牛羊

小丘

在东非的许多地区，包括东非大裂谷，有成堆的被侵蚀的岩石，被称为小丘。狮子把小丘当作瞭望哨，而小动物则藏身于小丘缝隙中

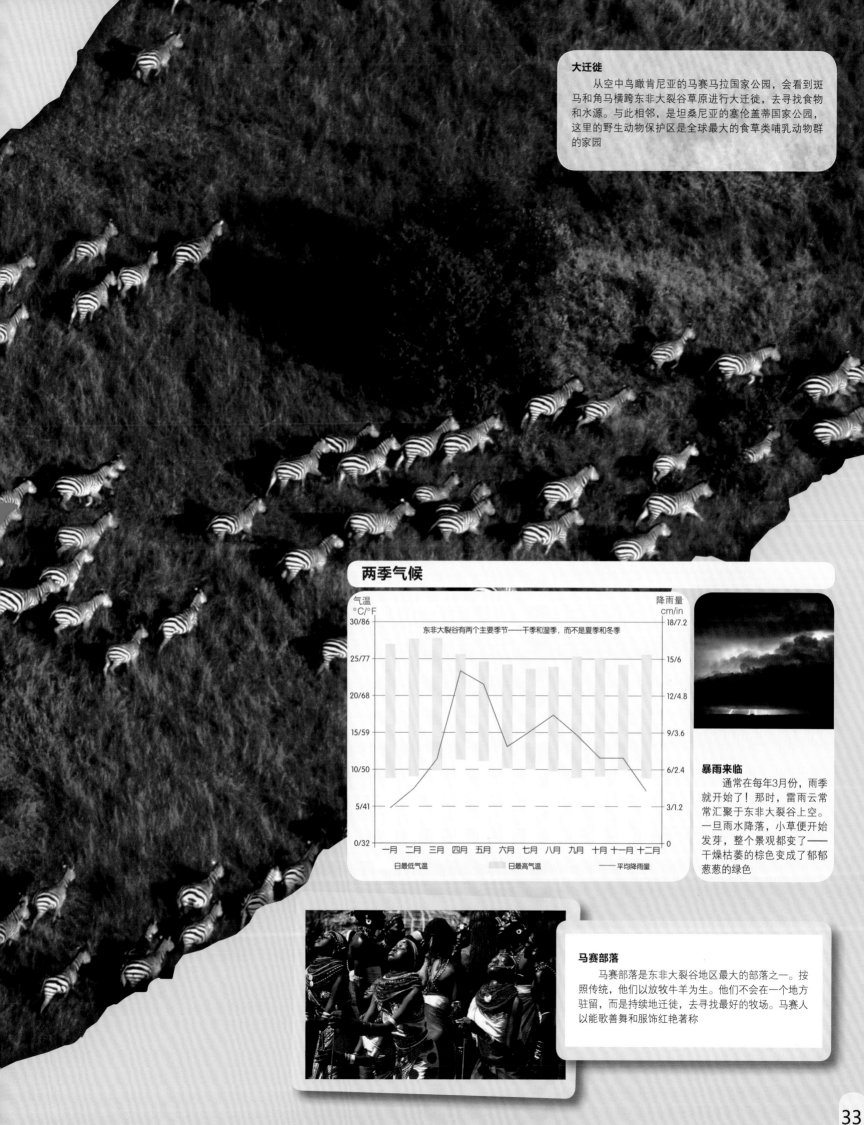

大迁徙

 从空中鸟瞰肯尼亚的马赛马拉国家公园，会看到斑马和角马横跨东非大裂谷草原进行大迁徙，去寻找食物和水源。与此相邻，是坦桑尼亚的塞伦盖蒂国家公园，这里的野生动物保护区是全球最大的食草类哺乳动物群的家园

两季气候

气温 °C/°F		降雨量 cm/in

东非大裂谷有两个主要季节——干季和湿季，而不是夏季和冬季

日最低气温　　　　日最高气温　　　——平均降雨量

暴雨来临

 通常在每年3月份，雨季就开始了！那时，雷雨云常常汇聚于东非大裂谷上空。一旦雨水降落，小草便开始发芽，整个景观都变了——干燥枯萎的棕色变成了郁郁葱葱的绿色

马赛部落

 马赛部落是东非大裂谷地区最大的部落之一。按照传统，他们以放牧牛羊为生。他们不会在一个地方驻留，而是持续地迁徙，去寻找最好的牧场。马赛人以能歌善舞和服饰红艳著称

兽群与猎手

东非大裂谷中心地带是闻名世界的马赛马拉自然保护区。这里草原辽阔，生机盎然，充满活力。成群的动物，诸如大象和斑马，为寻觅植物和水源而奔波。猎手们，例如猎豹和狮子，为享受饕餮大餐而去追杀猎物。在水坑和流经保护区的马拉河中，饥肠辘辘的河马与鳄鱼伺机而动。

大象
成群结队的大象为寻找水源跋涉前行。因为它们天生没有汗腺，只有靠水来保持凉爽

角马
为寻找食物和水源，成千上万的角马从坦桑尼亚迁徙到马赛马拉，年年如此

短尾雕
这种雕栖息于树荫下，每天要飞行8个小时去寻找食物

疣猪
疣猪可以跪下吃草。它们通常很温和，但受到攻击时也会用獠牙反击

蜜獾
这种蜜獾利用强大的嗅觉追寻食物，甚至可以突然袭击鸟类和蜜蜂的巢穴

红脸地犀鸟
这种引人注目的鸟花费大量时间四处搜寻食物——蜥蜴、蛇和蜘蛛

眼镜蛇
在受到攻击的情况下，这种毒蛇常摆出威胁的姿势，随时准备进攻

草地貂獴
一般情况下，草地貂獴独居或成对居住，它们猎捕蛇、老鼠、蜥蜴和鸟类

尼罗河巨蜥
尼罗河巨蜥是非洲最大的蜥蜴。它们擅长攀岩，有锋利的爪子和强壮的上下颌，通常生活在水源附近

狮子
远在8千米(约5英里)以外的地方，就可以听到狮子的吼叫声。这种体形硕大的猫科动物以水牛等大型猎物为食

白背秃鹫

白背秃鹫在飞行中寻觅动物尸骸，只有在这个时候它们白色的脊背才会显露出来

黑犀牛

如果突发的噪声或其他动物干扰黑犀牛，它们可能会快速发动进攻

东非狒狒

东非狒狒部落由一只雌性狒狒统领。白天，狒狒部落聚集在一起享用植物大餐

斑马

为了安全起见，斑马通常成群结队地去饮水。它们身上的条纹相互混杂在一起，让猎食者很难从马群中单独挑选出某一匹斑马

长颈鹿

长颈鹿是世界上最高的动物之一。它们利用身高优势，啃食树木嫩枝和树叶

鬣狗

鬣狗是行动迅速的狩猎者，它们有强壮的上下颌，可以咬穿猎物的骨头

尼罗鳄

尼罗鳄体长5米（约16英尺），全身长满鳞片。这些狩猎者可以从水中突然跃出，捕食斑马或者大型猫科动物

黑斑羚

这些敏捷的非洲羚羊是马赛马拉自然保护区中所有的大型捕食者猎杀的对象

猎豹

猎豹是陆地上跑得最快的动物。捕猎时，它们的速度高达每小时110千米（约68英里）

鸵鸟

虽然鸵鸟是世界上最大的鸟类，但是它们不能飞翔。不过，它们可以高速奔跑

牛椋鸟

这些鸟栖息在大型哺乳动物身上，啄食它们毛皮中的虫子和壁虱

水牛

重达900千克（约1984磅）、体形庞大的水牛远比它们外表看上去敏捷，它们甚至可以进行快速奔跑

生命之根

　　许多食肉动物在东非大裂谷中狩猎，但是，从根本上讲，所有的动物都依赖于植物。狮子和其他狩猎者追捕羚羊，而羚羊以草为食。大象和长颈鹿通过嚼食金合欢树的叶子和种子来填饱肚子。这种顶部平坦的金合欢树还以各种方式维持着其他野生动物的生存——织布鸟在树上筑巢居住，蚂蚁生活在合欢树上的棘刺中。

东非大裂谷是如何形成的

　　东非大裂谷是沿着地壳薄弱带形成的一个巨大的地质断层。数百万年前裂谷就开始孕育，至今仍在继续扩大。

　　1. 当地壳向两个不同的方向运动时，裂谷开始形成。熔化的火山岩向上喷发而出，地壳表面开始断裂分离。

　　2. 由于地壳分离，巨大的地球板块因自身重力作用而下沉，形成一个陡峭的山谷。水流经山谷，形成河流与湖泊，草木得以在裂谷中生长。

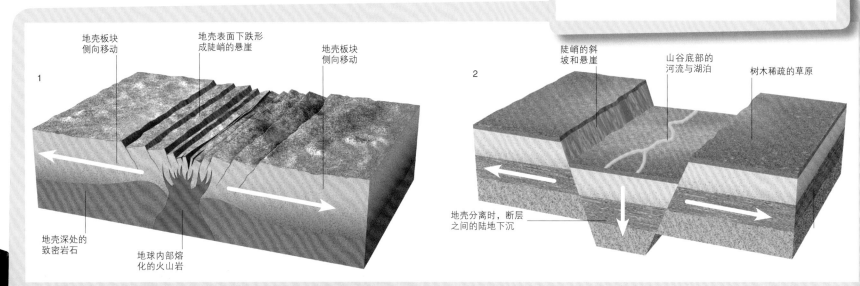

1　地壳板块侧向移动　地壳表面下跌形成陡峭的悬崖　地壳板块侧向移动　地壳深处的致密岩石　地球内部熔化的火山岩

2　陡峭的斜坡和悬崖　山谷底部的河流与湖泊　树木稀疏的草原　地壳分离时，断层之间的陆地下沉

种子传播者

　　大公象用后腿支撑着身体，站立起来，就可以接触到高高的金合欢树。大象很喜欢吃金合欢豆荚。它们用长鼻子采集豆荚，然后大口吞下。这些豆荚在它们胃里被消化，种子散布于粪便中。于是，这些种子用粪便做肥料，开始发芽，长出新的金合欢树

子衣（假种皮）和种子

　　金合欢豆荚可以是直的或是弯曲的

　　种子成熟时豆荚裂开

　　鲜艳的红色子衣（假种皮）吸引着昆虫和鸟类

幸运的豆荚

　　金合欢种子包裹在豆荚中，豆荚会在树上或者地上裂开。种子营养丰富，这就是许多动物把它们当作食物的原因。这些金合欢树在温暖的地方生长，遍布世界各地。在澳大利亚，金合欢种子经常长出肉质肥厚的子衣（假种皮）；成熟时，子衣会变成亮丽的红色

连接到高处
树枝的草环

草环顶部延
伸形成屋顶

完工后的鸟巢
像一个空心球

织布鸟用
嘴编织

织布鸟将鸟巢底
部作为栖息处

鸟巢的入
口在下侧

忙碌的织布鸟

织布鸟是以种子为食的鸟类，它们通常用树叶和草筑巢。每一种类型的织布鸟都有自己的筑巢方式，通常是雄鸟来完成这项工作。开始的时候，它们先编织一个环，牢固地连接到树枝上，然后围绕着环继续编织。一旦鸟巢完成，它们便会等待雌鸟入住

呵护鳄鱼

与裂谷中大多数爬行动物相比，鳄鱼父母非常小心谨慎。它们在临近河流或水塘之处产卵，然后保护这些卵，直到它们孵化出来。当鳄鱼宝宝破壳而出的时候，鳄鱼妈妈会用嘴轻轻地叼起它们，放到水里

树之美容师

长颈鹿以金合欢树叶子为食。它们舌头很长，嘴唇特别坚韧，可以不被树枝上的棘刺伤害。光阴荏苒，长颈鹿不断修剪树枝，使原本任意生长的树木拥有了独特的平顶造型

被切开的棘刺底部
露出蚂蚁的巢穴

锋利而且
空心的刺

金合欢蚂蚁

一些非洲金合欢树的棘刺底部长有空心的疙瘩。这些疙瘩被金合欢蚂蚁当作巢穴，这些蚂蚁在树上会度过一生的光阴。如果某个动物试图吃掉树上的叶子，蚂蚁就会从巢穴中迅速冲出，攻击这个动物——它们用这种方式作为回报，感谢金合欢树为它们提供家园

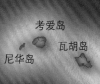

考爱岛
尼华岛
瓦胡岛
毛伊岛
夏威夷岛
冒纳罗亚火山

大约100万年前，一个新火山从太平洋底部喷发。大约60万年后，它已经变得非常庞大，以至于炽热的熔岩开始露出海面。今天，冒纳罗亚火山巍然耸立在夏威夷岛上，从海底到火山顶部足有9000多米（约29500英尺）高。它是世界上最大的活火山，森林覆盖的山坡是许多珍稀动植物的家园。

冒纳罗亚
火山 MAUNA LOA

冷却期

气温
℃/°F

降雨量
cm/in

冒纳罗亚火山斜坡的海拔升高时，温度会下降

30/86　　　　　　　　　　　　　　　　　　15/6

25/77　　　　　　　　　　　　　　　　　　12.5/5

20/68　　　　　　　　　　　　　　　　　　10/4

15/59　　　　　　　　　　　　　　　　　　7.5/3

10/50　　　　　　　　　　　　　　　　　　5/2

5/41　　　　　　　　　　　　　　　　　　2.5/1

0/32　　　　　　　　　　　　　　　　　　0

一月 二月 三月 四月 五月 六月 七月 八月 九月 十月 十一月 十二月

日最低气温　　　日最高气温　　　平均降雨量

雨水收集器

尽管夏威夷群岛以其海滩的阳光明媚而举世闻名，但是，冒纳罗亚火山东坡却经常云雾缭绕，雨水缠绵。在冬季比较寒冷的月份，那里有时还会下雪

最初的夏威夷人

夏威夷群岛原始居民是波利尼西亚人——他们是老练的航海家，在1500～1200年前坐船抵达这里。今天，夏威夷是一个备受欢迎的度假胜地，但是，当地的一些渔民仍然在传统的独木舟上工作

火山的面孔

巨大的火山口

从高空鸟瞰冒纳罗亚火山：火山口有将近5千米（约3英里）宽。它形成于1000年前。火山喷发时会清空山顶的熔岩，一旦熔岩排空，山顶塌陷，火山口就形成了

快速流动的熔岩

不管它规模有多大，冒纳罗亚火山并不是最危险的火山。它的熔岩呈流动状态，并不胶黏，所以熔岩会迅速冲下山坡。这减轻了火山内部的压力，阻止了火山爆发

火成岩

熔岩冷却后变成了灰色的岩石。在一些地方，熔岩表现为参差不齐的块状物，但在其他地方，熔岩又像光滑的盘绕状的绳子。对这些类型的熔岩，夏威夷人有着他们自己的命名——渣状熔岩和绳状熔岩

大自然之路

熔岩中富含植物生长所需要的矿物质。在冒纳罗亚火山斜坡上，新熔岩区域光秃秃的，而旧熔岩区域常常被植物覆盖。熔岩上生长的许多植物仅在这些岛屿上存在

热点

1984年，冒纳罗亚火山有过一次大爆发。景象极其壮观！但是，没有人在这次喷发中死亡。因为山上的熔岩流非常显眼，人们很容易逃避。然而，在这之前的一次火山喷发中，熔岩从山坡上倾泻而下，摧毁了整个村庄

奥拉巴树
　　不断飞舞的树叶和巨型树身，让奥拉巴树在夏威夷森林中脱颖而出

短耳鸮（短耳猫头鹰）
　　短耳鸮在白天猎捕啮齿动物。这些沉默的飞行者因为头上长得像耳朵的两簇羽毛而得名

夏威夷鹰
　　夏威夷鹰是一种领地意识很强的独行侠。它们叫声刺耳，以昆虫和小型鸟类为食

夏威夷乌鸦
　　夏威夷乌鸦是强壮且迅捷的飞行家，这种聒噪的乌鸦叫声很大而且刺耳

夏威夷冬青
　　在肥沃的土壤中，夏威夷冬青能长到18米(约59英尺)高。这种树很常见，它们的叶子光滑，花团锦簇

夏威夷画眉鸟
　　夏威夷画眉鸟以其旋律优美的鸣叫声而闻名。这种画眉鸟的特别之处是孵卵时会颤动翅膀

柯氏叶蜜茱萸
　　这种树的叶子比较独特，向下生长。它们既可以长成灌木，也可以长成高大的树木

猩红蜜鸟
　　这种鸣禽由于经常取食鲜花的花蜜，所以，它们的喙不断进化，变得长而弯曲

卡美哈美哈蝴蝶
　　夏威夷岛屿上有两种独特的本地蝴蝶，卡美哈美哈蝴蝶是其中之一。这种蝴蝶以树的汁液为食

蚊子
　　这是一种小飞虫。雌性蚊子除饮血之外，还吸食开花植物的花蜜

野猪
　　这种大野猪胃口很好，吃各种各样的森林食物，如树根、水果和植物

波利尼西亚鼠
　　波利尼西亚鼠在黄昏时开始活动。这种啮齿动物吃昆虫、树叶和蠕虫。当食物不足时，它们甚至吃树皮

哈普树蕨
　　哈普树蕨是夏威夷最大的、独一无二的树蕨类植物，可以长到9米(约30英尺)高

保护区

大约在公元400年，第一批移民抵达夏威夷。他们向冒纳罗亚火山地区引进了非本土动物种，扰乱了该地区特有的野生动植物的生态平衡，并且威胁到了某些物种的生存。1916年，为保护本地的动植物，夏威夷火山国家公园诞生了。公园保护区面积大约为1350平方千米(约521平方英里)，巨型蕨类植物、奇花、珍禽在这片富饶的火山地上繁荣生长。

导颚雀
导颚雀欢唱着跃上树梢，在树枝上和树皮下搜寻昆虫

白臀蜜雀
白臀蜜雀一年四季都在歌唱，这种鸟喜欢吸食桃金娘树的花蜜，也会吃昆虫

金合欢树
金合欢树长得比较高大，棘刺很多，生长快速。它们更喜欢温暖、潮湿的气候

绿雀巢
绿雀巢由细枝、树皮和树叶筑成。绿雀雏鸟就居住在这构筑密实的巢穴里

桃金娘树
此树的特点是颜色深，叶子形状和大小多种多样，花香四溢

夏威夷绿雀
夏威夷绿雀是蜜旋木雀家族的一员，喜欢花蜜和水果等甜食

夏威夷灰白蝙蝠
这些蝙蝠白天栖息于树林中，夜间飞行，捕食昆虫

夏威夷铁芒萁
与其他藤本类植物一样，夏威夷铁芒萁缠绕着其他植物生长，编织出茂密的森林地毯

猫鼬
顽皮的猫鼬通常小规模群居，它们以蛇、啮齿动物和昆虫为食

果蝇
为了吸引雌性果蝇，雄性果蝇在跳求爱舞：从一边转到另一边，同时拍动着它们布满图案的翅膀

步甲
步甲通常被叫作地面甲虫，有光泽，长腿，专吃细小的或受伤的昆虫

蜘蛛
冒纳罗亚火山的蜘蛛包括本土物种和一些外部引进的品种

考爱岛
尼华岛
瓦胡岛
太平洋
毛伊岛
夏威夷岛
夏威夷火山国家公园

熔岩生命

植物完全覆盖熔岩流需要数百年时间。一旦熔岩冷却，变成固体，蕨类植物就开始生长，坚硬的灰色熔岩表面变得绿草如茵。这些拓荒者到达这里之后，其他植物开始慢慢生长，动物也紧随其后。但是，这是一个微妙的过程，它很容易被有意或无意从外面引进的入侵者所搅乱，这就是冒纳罗亚火山许多植物和动物现在只有依赖保护才能生存的原因。

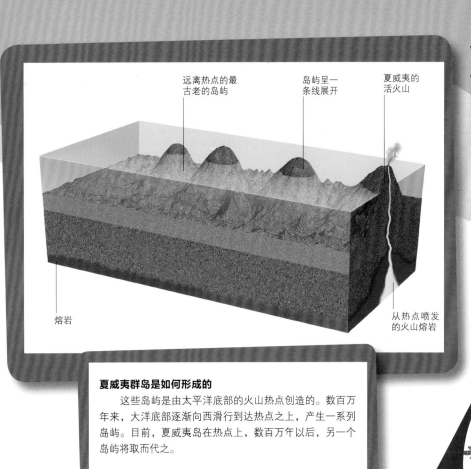

远离热点的最古老的岛屿

岛屿呈一条线展开

夏威夷的活火山

熔岩

从热点喷发的火山熔岩

夏威夷群岛是如何形成的

这些岛屿是由太平洋底部的火山热点创造的。数百万年来，大洋底部逐渐向西滑行到达热点之上，产生一系列岛屿。目前，夏威夷岛在热点上，数百万年以后，另一个岛屿将取而代之。

拓荒植物

通常情况下，蕨类植物是第一个在夏威夷裸露的熔岩流上建立家园的植物。它们生长在熔岩裂缝中，那里湿润，而且可以避免阳光照射。蕨类植物分布范围较广。它们并不依靠种子进行繁殖，而是产生微小的孢子，孢子被风吹得很远，散播范围很广

叶片伴随着生长而展开

幸运的少数

蕨类植物不开花。但它们生产孢子，这些孢子生长在叶片下面的小囊包里。一株蕨类植物每年可以产生超过10亿个孢子。只有极少数孢子能够幸运地落在潮湿、阴暗的裂缝中，它们在那里开始生长

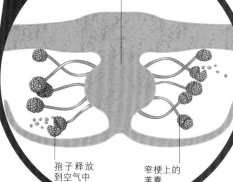

外壳或孢子囊

游离在空气中的孢子

孢子释放到空气中

窄梗上的荚囊

孢子的产生

这是一个放大了几百倍的孢囊内部结构图。孢子在微小的荚囊中生成，荚囊成熟时裂开。蕨类植物拥有复杂的生命周期。当一个蕨类植物的孢子发芽后，它形成一个不超过一张邮票大小的扁平植物。这种植物最终枯萎，一个新的成熟蕨类植物将取而代之

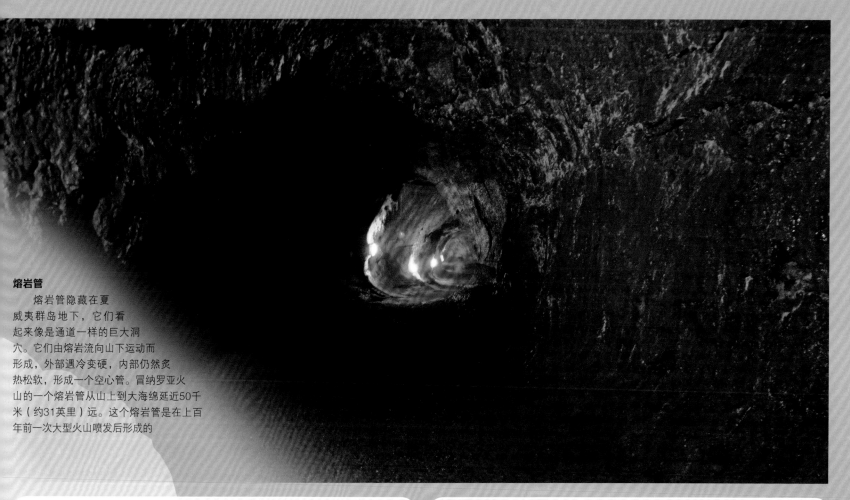

熔岩管

　　熔岩管隐藏在夏威夷群岛地下，它们看起来像是通道一样的巨大洞穴。它们由熔岩流向山下运动而形成，外部遇冷变硬，内部仍然炙热松软，形成一个空心管。冒纳罗亚火山的一个熔岩管从山上到大海绵延近50千米（约31英里）远。这个熔岩管是在上百年前一次大型火山喷发后形成的

不受欢迎的入侵者

野生猪

　　1500多年前，波利尼西亚水手把猪带到了岛上。从那之后，许多猪跑掉了，现在生活在野外。这些猪将许多濒危植物连根拔起，并把土壤翻搅得面目全非

老鼠

　　在木船时代，老鼠是常见的偷渡客。在过去的几个世纪里，许多老鼠从船中跑到了岸上。它们现在遍布各个岛屿，袭击鸟巢，盗取鸟卵和幼鸟

野狗

　　对一些稀有动物而言，成群的野狗是一个威胁，这些稀有动物包括夏威夷鹅——夏威夷的州鸟。因为夏威夷鹅在地上筑巢，很容易被野狗追踪和攻击

阿根廷蚂蚁

　　在人类到达之前，岛上没有蚂蚁。现在，那里至少有40种蚂蚁，阿根廷蚂蚁是其中最小的一种。这会产生一个问题，那就是蚂蚁会夺走夏威夷岛上特有昆虫所需要的食物

遭受威胁

莱岛鸭

　　这种稀有的鸭子生活在莱桑岛，这个岛屿在列岛西部。兔子被放生到莱桑岛后，截至20世纪50年代，鸭子数量减少到33只。幸亏后续的保护工作，现在莱岛鸭的数量已经增长到500只

冒纳凯阿火山银剑树

　　冒纳凯阿火山银剑树生长在冒纳罗亚火山山顶附近，它们长有毛茸茸的叶子。山羊和绵羊以这种植物为食。为防范这些动物，数百株银剑树已被围护起来

寇阿昆虫

　　在整个夏威夷群岛，这种昆虫曾经很常见。目前，它们正在快速消失。没有人知道其中的确切原因，一些科学家认为可能是偶然进入岛屿的寄生昆虫造成的

导颚雀

　　这种在森林中生活的鸟曾经遭受过鸟类疟疾的袭击，这种疾病由蚊子传播。人类到达这里之前，夏威夷群岛没有蚊子或疟疾，因此夏威夷鸟类对这种疾病没有任何抵抗力

大堡礁
GREAT BARRIER REEF

迄今为止，由活的生命体所建造的最大建筑物就是大堡礁。澳大利亚东北海岸的珊瑚礁占地20.7万平方千米(约8万平方英里)。它是成千上万珊瑚礁的集合，镶嵌在清澈湛蓝的珊瑚海水域。尽管这个自然奇观规模巨大，它仍然是由微小的海洋生物所构成。海洋生物死后的骨骼累积了数千年，创造了现在的大堡礁。

所罗门海
所罗门群岛
巴布亚新几内亚
托雷斯海峡
珊瑚海
瓦努阿图
大堡礁
新喀里多尼亚（法）
澳大利亚
太平洋
塔斯曼海

探索大堡礁

梦幻之岛

成千上万的岛屿点缀在大堡礁周围。一些岛屿覆盖着郁郁葱葱的植被，另外一些被叫作沙洲——裸露而亮丽，那是大片的白珊瑚沙地。涨潮时，有些沙洲会完全消失

渠道与水湾

在大堡礁部分区域，深水渠道与水湾看起来像是珊瑚之间的河流。现在，这些渠道已经在地图上被精心做了标注。当初欧洲人探索大堡礁时，船只经常失事

外礁

在大堡礁临海的边缘，珊瑚礁受到滚滚而来的巨浪的连续拍打。在水面之下，珊瑚礁边缘像悬崖一样跌入深水，这为类似鲨鱼一样的大鱼提供了一个觅食场所

内礁

避开了海浪，内礁很平静。通常，这里水很浅，散布的珊瑚花园被沙地隔开。落潮时，珊瑚末端可能会显露出来

梭鱼
梭鱼会突然高速游动，用它们强有力的上下颌和尖牙捕获猎物

黄鳍鹦嘴鱼
鹦嘴鱼长有与鹦鹉嘴很相似的牙齿，它们白天在珊瑚上觅食，夜晚在海底睡觉

金色蝴蝶鱼
金色蝴蝶鱼天生胆小，它们在海底以蠕虫为食，在水面附近以昆虫为食

黑鳍礁鲨
礁石上经常见到黑鳍礁鲨，这种鲨鱼可以长到2米（约7英尺）长。它们独自游荡，猎食鱼类

蝠鲼
蝠鲼是鳐鱼家族中最大的一种。这种蝠鲼很敏捷，能够完全跃出水面

条纹清洁工濑鱼
通过建立"清洁站"，濑鱼摘取路过的大鱼身上的寄生虫，并且把寄生虫吃掉

墨鱼
墨鱼绰号"海洋变色龙"，它们可以通过改变皮肤颜色来躲避天敌

线纹叉鼻鲀
当受到威胁时，这种河豚家族的鲀鱼可以让自己迅速膨胀起来。因此，它们看起来很大，以至于没办法被吃掉

红锯鳞鱼
通常，在礁石上的小洞和裂缝中能发现这种鱼，它们成群结队地出来觅食

扇形蠕虫
扇形蠕虫绰号"鸡毛掸子蠕虫"，它们通过扇形触角把水排出，收集微小的海洋生物

条纹篮子鱼
如果受到威胁，这种鱼可以迅速竖起它们的毒刺来阻挡敌人的攻击

须鲨
为了躲避捕食者和偷袭猎物，这种善于伪装的鲨鱼常常潜伏在海底

珊瑚
随着时间的推移，微小海洋生物的骨骼不断堆积，产生坚硬的珊瑚沉淀，进而形成了珊瑚礁

海葵
海葵通过吸盘似的圆盘附着于岩石上，用它们的刺状触须捕捉微小食物

粉红海葵鱼
这些鱼生活在海葵触手之间。它们清洁海葵，以获取食物残渣

黑尾神仙鱼
黑尾神仙鱼最长可以长到12厘米（约5英寸），它们以海绵为食

六鳃海牛
六鳃海牛是大型裸鳃类动物（没有壳的海蛞蝓），它们通过海浪的升降前行

海胆
这些多刺的海洋生物外形与刺猬类似，它们沿着海底缓慢移动

马蹄螺
通过它们的圆锥形状可以辨识马蹄螺。它们常常在岩石上休息，以微小水生植物为食

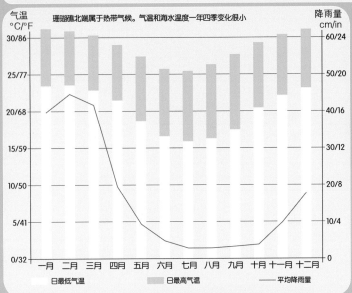

珊瑚礁北端属于热带气候。气温和海水温度一年四季变化很小

气温 °C/°F — 降雨量 cm/in

一月 二月 三月 四月 五月 六月 七月 八月 九月 十月 十一月 十二月

□ 日最低气温 ▨ 日最高气温 —— 平均降雨量

珊瑚白化

造礁珊瑚不能在冷水中生长，但水过于温暖也会伤害它们。如果海水温度高于30℃(86°F)，珊瑚会变成白色，濒临死亡。这种现象被称为珊瑚白化

潜水者的天堂

手持聚光灯，一个潜水员正在对外礁进行探查。这个地区每年会吸引成千上万的游客，所以它们必须受到保护。这里有特殊规定，限制人们在一些地方潜水、钓鱼和停船，以减少对珊瑚的损害

海洋分水岭

在海岸和海洋之间，大堡礁形成了一个天然屏障，它也因此而得名。大多数珊瑚礁向外海延伸超过80千米(约50英里)远，所以在海岸上看不到它们。但是，因为大堡礁实在是太大了，从太空中可以一览无余

45

50

变换的景色

箭袋树

这种大钉似的箭袋树是可以在这里生存的为数不多的树木之一。它们能长到8米(约26英尺)高，粗大的树干能够储水。猎人们用树皮制作箭袋(盛箭容器)，这就是箭袋树名字的由来

草原

内陆深处有足够的水分让牧草生长。羚羊、牛群和大约2500只猎豹生活在这片草原上。实施保护计划有助于拯救猎豹这种濒危的猫科动物

骷髅海岸

这条海岸线有潮汐、大雾和流沙，对航运而言，这些状况是很危险的。岸边，触礁搁浅的船只残骸锈迹斑斑，杂乱分布。这个海岸因夺取了无数的生命而得名

古老的山脉

在纳米比亚内陆，山脉被侵蚀成注目的形状。蛇、狒狒和羚羊生活在山区里。夏季，因岩石太热，以至者无法攀登

在非洲，许多沙漠都比纳米布沙漠的面积大，但是，纳米布沙令人惊诧的景色和奇异的野生动物则很少能及。这里有世界上最高沙丘，从荒凉的大西洋海岸一直延伸到内陆。每天晚上，雾霭从海滚滚而来，携带的水汽维持着沙漠动植物的生存。

安哥拉 赞比亚
津巴布韦
纳米比亚 博茨瓦纳
卡拉哈迪沙漠
大西洋 纳米布沙漠
莫桑比克
斯威士兰
南非 莱索托

纳米布
沙漠 NAMIB DESERT

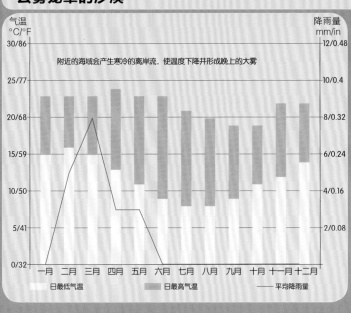

连绵的沙丘
　　纳米布沙漠中最高的沙丘约340米（约1115英尺）高。由于它们不断随风移动，确切的数字会有变化。每年都有新沙丘形成，因为有更多的沙粒由海岸吹向内陆

云雾笼罩的沙漠

气温
°C/°F

降雨量
mm/in

附近的海域会产生寒冷的离岸流，使温度下降并形成晚上的大雾

- ■ 日最低气温
- ■ 日最高气温
- —— 平均降雨量

（图中横坐标：一月 二月 三月 四月 五月 六月 七月 八月 九月 十月 十一月 十二月）

最少的水分
　　大约每10年，才有足够的雨水降落在纳米布沙漠，产生临时的水池。然而，在海岸附近，唯一可靠的水分来自海雾。每天晚上，海雾弥漫而来，直至黎明太阳升起才消散

纳米比亚土著人
　　赫雷罗人和辛巴人是两个密切相关的纳米比亚土著人族群。自古以来，他们靠放牧牛群为生——在该地区极端干旱的气候条件下，这是一份艰难的工作。男人通常要照看牛群，而女人负责挤奶。辛巴女人用赭石（一种矿物，通常呈暗棕色）混合黄油来装饰她们的皮肤

黑胸短趾雕
蛇是黑胸短趾雕的美餐。当食物匮乏时，这种雕也会吃蜥蜴和小鸟

豹
通常情况下，豹昼伏夜出。但是，如果发现附近有猎物，它们也会白天狩猎

土狼
凭借长长的、黏黏的舌头，一头土狼每天可以吃掉成千上万只昆虫

棕鬣狗
无论是瓜果还是羚羊，鬣狗依靠强大敏锐的嗅觉总是能够轻而易举地发现它们

奈良植物
它们是原产于纳米布沙漠的多刺灌木，能结出甜瓜。这些甜瓜是许多沙漠动物的食物

沙狐
白天，这种灵巧的小型狐在树下或岩洞中纳凉。太阳落山后，它们才出来狩猎

豚尾狒狒
豚尾狒狒是最大的猴科动物之一，以热闹的家族群居方式生活

草兔
沙漠灌木含有水分，当草兔啃食这些灌木时，就获取了生存所需的足够食物和水分

秘书鸟
秘书鸟的长腿可以踩踏并杀死猎物，例如蛇、其他爬行动物以及啮齿类动物等

黑头鸨
尽管这种鸟是健壮的飞行员，但是，它们更喜欢待在地上，用它们的长腿奔跑

山（即鸟）
山（即鸟）在岩石上筑巢，以昆虫为食，歌唱的时候曲调娓娓动听

皱脸秃鹫
这种硕大的秃鹫在沙漠中占有主导地位。当有尸体可以美餐时，它们经常第一时间到场

会翻跟头的蜘蛛
这种蜘蛛会翻着跟头滚下沙丘，这种方式可以节省体力，迅速逃离捕食者

纳米比亚雪绒花
雪绒花生长在偏僻的地方。它们之所以引人注目，是因为花和叶都覆盖着白色绒毛

骆驼刺树

在一天中最热的时候，疲惫的动物们聚集在这种多刺的树下，躺在树荫里乘凉

南非剑羚

南非剑羚是一种长角的非洲羚羊，它们小群体活动，通过吃瓜类植物来满足对水分的需求

鸵鸟

这些大鸟重达150千克（约330磅），它们从吃的植物中获得所需要的水分

跳羚

跳羚是羚羊家族中比较小巧的成员，它们常常一起跑跳、玩耍

侏膨蝰

侏膨蝰是一种小型毒蛇。伏击猎物之前，它们埋伏在沙土中等待时机

狞猫

这种猫可以在没有水的环境中存活很长时间，而且它们能跳3米（约10英尺）高来捕捉飞行中的鸟类

橄榄鞭蛇

这种蛇因其长长的尾巴像鞭子而得名，它们移动迅速，能够爬上树躲避攻击

金鼹鼠的洞穴

金鼹鼠在沙地挖洞，沙地易下陷坍塌，因此，它们的洞穴总是临时的

伪步行虫

正午的骄阳下，这种甲虫通过钻入沙地中使自己凉爽些或者顶着骄阳快跑——这样能产生微风呢

沙丘居民

苏丝斯黎是纳米布沙漠南部的一个地区，在这里，可以找到世界上最高的沙丘。尽管天气炎热、土地贫瘠荒凉，仍然有数量惊人的野生动物在这里生存。通过适应环境，在意外之处找到食物和水源，各种动物、昆虫以及植物克服了沙漠生活的种种困难，在这里艰难求生。

安哥拉　赞比亚
津巴布韦
纳米比亚　博茨瓦纳
卡拉哈迪沙漠
纳米布沙漠
大西洋
苏丝斯黎
斯威士兰
南非　莱索托

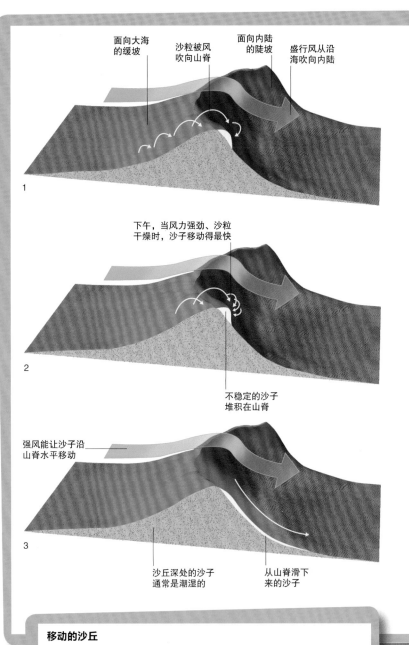

面向大海的缓坡　　沙粒被风吹向山脊　　面向内陆的陡坡　　盛行风从沿海吹向内陆

1

下午，当风力强劲、沙粒干燥时，沙子移动得最快

2

强风能让沙子沿山脊水平移动

不稳定的沙子堆积在山脊

3

沙丘深处的沙子通常是潮湿的　　从山脊滑下来的沙子

移动的沙丘

1. 风将沙子从大海吹向内陆，形成了沙丘。在风的推力下，沙粒快速爬上沙丘，堆积在山脊顶部。

2. 越来越多的沙子在山顶堆积，山脊下方形成了非常陡峭的斜坡。沙丘变得越来越不稳定，一脚就可能将其踩塌。

3. 突然，沙丘溃散，沿着斜坡向下移动。每发生一次这种情况，沙丘便向内陆移动一小段距离。与此同时，新的沙丘在海岸附近形成。

雾气在伪步行虫身上凝结

悬挂在伪步行虫头部的水滴

沙中生存

纳米布沙漠中的沙丘千姿百态，而且总在不停地移动。对于人类而言，攀登沙丘是一件艰难的事，但沙漠动物却能轻而易举地应对。壁虎和伪步行虫在沙地上快速爬行，侏膨蝰像弹绳一样向前移动。金鼹鼠独辟蹊径，如同潜艇一样在沙的海洋中遨游。

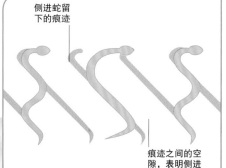

侧进蛇留下的痕迹

痕迹之间的空隙，表明侧进蛇在空中跃起

侧进蛇

大多数蛇在地面上逶迤爬行。但是，在纳米布沙漠，有一种蛇移动方式与众不同。侏膨蝰侧向爬行，在沙丘上留下一排印记。侧向移动是穿越沙地的一种有效方式，这种方式还有助于蛇保持凉爽。侏膨蝰并非是唯一如此移动的蛇。在北美沙漠，侧进响尾蛇采取同样的方式穿越沙地

沙地中的脊状突起表明金鼹鼠在那里挖了洞穴

饮用露水

伪步行虫有一种极不寻常的饮水方式。天黑后，它们爬上沙丘，站在丘顶，背部向风倾斜竖起。当海雾向内陆弥漫而来时，雾气在甲虫身上冷却凝结。小水滴顺着甲虫的身体流到嘴里，让它们得以解渴。

不同的沙丘

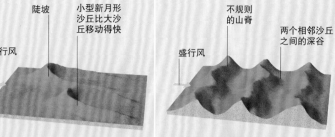

陡坡 — 小型新月形沙丘比大沙丘移动得快

盛行风

不规则的山脊 — 两个相邻沙丘之间的深谷

盛行风

每个沙丘有一个中心山峰 — 多变的风向

新月形沙丘

从空中鸟瞰，新月形沙丘的形状像字母"C"。"C"形状的两端远离海风，带动沙丘移动。这些沙丘两侧端点之间的距离可达百米（约328英尺）

横向沙丘

这些沙丘平行地排列成行，与风吹来的方向相垂直。与新月形沙丘不同，横向沙丘移动很慢，但它们的长度超过50千米（约31英里）

星形沙丘

星形沙丘是所有沙丘中最高的一种，它们是由从不同的方向吹来的风，将沙子堆成巨大的沙丘而形成的。星形沙丘轮廓复杂，有许多山脊和山坡

地下攻击

金鼹鼠在地表下猎食壁虎和白蚁。当它们在沙地下挖洞时，它们会停下来倾听头顶上猎物移动的声音。如果有猎物进入它们的攻击范围，金鼹鼠会突然从沙地下跃出，用它们剃刀般锋利的牙齿捕捉猎物。

以花为食

人类并非是喜欢甜饮料的唯一生物。在纳米布沙漠，太阳鸟喜欢从芦荟属植物的花蕊中吮吸含糖花蜜，该属植物包括箭袋树。太阳鸟的喙长而弯曲——这个形状正好可以使它到达花蕊深处产蜜的地方

蹼足壁虎在沙丘上寻找昆虫

它的小眼睛完全被毛遮盖住了

金鼹鼠移动时洞穴被填埋

珠穆朗玛峰

MOUNT EVERES

中华人民共和国

喜马拉雅山脉

尼泊尔

不丹

印度

印度

孟加拉国

缅甸

孟加拉湾

珠穆朗玛峰

作为地球上最高的山峰，珠穆朗玛峰把相邻山峰都置于其影中。峰顶高达8844.43米（约29017英尺）——几乎是客机的航高度！较高的山坡，常年被冰雪覆盖，暴风肆虐，风速每小超过200千米（约124英里）。1953年，人类首次登上珠穆朗峰。自那时起，数百名登山者到达了峰顶，尽管不是所有人都够活下来讲述他们的传奇故事。

世界屋脊

珠穆朗玛峰位于世界最高的喜马拉雅山脉中。喜马拉雅山脉分布在8个国家，包括世界上排名前100位的所有山峰。由于山峰锯齿般险峻，山坡陡峭，附近一些山脉甚至比珠穆朗玛峰更难攀登。

山顶气候

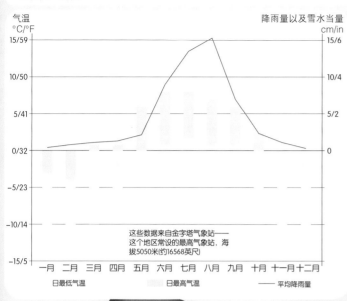

这些数据来自金字塔气象站——这个地区常设的最高气象站,海拔5050米(约16568英尺)

日最低气温　　日最高气温　　——平均降雨量

暴风雪预警

珠穆朗玛峰地处亚洲季风气候区。最猛烈的暴风雪是在季风季节,从6月一直持续到10月。攀登珠穆朗玛峰的最佳时间是季风气候开始前的4月和5月

夏尔巴人

夏尔巴人是生活在珠穆朗玛峰尼泊尔一侧的土著人。传统上,他们靠种地和养牛生活,也有人担任导游和挑夫。1953年,一个名为丹增·诺盖的夏尔巴人与登山者埃德蒙·希拉里合作攀登珠穆朗玛峰,共同成为登上峰顶的第一人

山坡景色

空间照片

从太空中看,珠穆朗玛峰像一个三面形的金字塔。山峰本身处于尼泊尔和中国之间的边界上。大多数登山者从东南山脊向上攀登,蜿蜒的登山线路位于尼泊尔一侧

峰顶

从远处遥望,在珠穆朗玛峰山顶上,风吹起一缕缕的冰晶。由风吹起的积雪,堆积成危险的突出物,一个登山者的重量就可能让积雪毫无征兆地崩塌

昆布冰瀑

从尼泊尔一侧攀登珠穆朗玛峰,登山者必须穿过昆布冰瀑。这里的艰险举世皆知,冰川布满裂痕,松散的冰块比一座房子还要大

山谷与山麓

在珠穆朗玛峰底部,湍急的河流穿过深谷。在山麓中,这些山谷被茂密的植被覆盖,许多野生动物生活在这里——这与荒凉的峰顶形成了鲜明的对比

高处生命

世界上最高的国家公园是尼泊尔的萨加玛塔国家公园。松树和铁杉林排列在较低的山坡上，很多鸟类和蝴蝶在此寻找避寒的住所。厚厚的皮毛帮助较大的动物保暖，包括濒临灭绝的雪豹、小熊猫以及喜马拉雅黑熊。

中华人民共和国

喜马拉雅山脉
尼泊尔
萨加玛塔国家公园
珠穆朗玛峰
印度
孟加拉国
孟加拉湾

雪豹

雪豹在高处居住，这种大型猫科动物胃口很大，后猛扑下来享用盛宴可以跳跃9米（约30英尺）远左右。

高山兀鹫

这种食腐动物可以寻找死尸残骸，然它们寻找死尸用盛宴

喜马拉雅塔尔羊

塔尔羊长有厚厚的毛，毛茸茸的蹄子，这些让它们能够适应寒冷，强壮而灵活的蹄子，多岩石的生存环境

桦树－杜鹃花群落

茂密的桦树和杜鹃花树丛拥生长在高山斜坡上，蕨类植物和苔藓植物点缀其间

雪鸽

雪鸽原产于喜马拉雅山。成群的鸽子翻山越岭，展翅高飞

髭兀鹫

髭兀鹫翼展可达3米（约10英尺），它们能飘浮在上升气流中

冷杉树

冷杉树通常生在高海拔地区生长。寒冷时，冷杉球果会关闭鳞片；气温升高时，球果鳞片就会打开

喜马拉雅黑熊

喜马拉雅黑熊，极好的视力、听力和嗅觉帮助独居的黑熊在浓密的灌木丛中找到食物

铁杉树 这种大型常绿树，长有扁平的叶子和小球果，在潮湿的地方生长繁茂

赤麂 赤麂为了标记领地，用它们头上的"V"形臭腺在叶子上摩擦

灰狼 灰狼通过嚎叫来警告其他兽群。它们的叫声在10千米（约6英里）外都可以听到

黄鼬 这种活泼的黄鼬独自生活，白天和夜晚分别猎捕小型鸟类和啮齿类动物

钟花杜鹃 这些钟形杜鹃花在春天里盛开。然而，它们的坚韧、常绿的叶子是有毒的

麝猫 麝猫是猫鼬家族的近亲，生活在茂密的林地中，行动迅捷，以肉和水果为食

常见的老鼠 一个庞大的鼠群生活在这里，它们繁殖率高，饮食多样，感觉敏锐

西藏水鼩 西藏水鼩很小而且行动隐秘，它们常在山中小溪里觅食昆虫

小熊猫 小熊猫是浣熊家族的一员，它们每天可以吃掉相当于自己一半体重的叶子

血雉 引人注目的雄性血雉利用鲜艳的羽毛吸引配偶

阿波罗绢蝶 阿波罗绢蝶在高海拔的地方飞行，图中它们正停下来从山花中吮吸花蜜

适应高海拔生活

在巍峨的喜马拉雅山上，生存非常艰难。如果没有特殊的环境适应能力和策略，动物会很快死于饥饿和寒冷。对于髭秃鹫——一种巨型破骨鸟——来说，山坡反而是它们理想的觅食地。同其他喜马拉雅动物一样，它们在低温寒冷的环境中都拥有生存的绝招，并且这里人迹罕至使得它们的生活空间非常允裕。

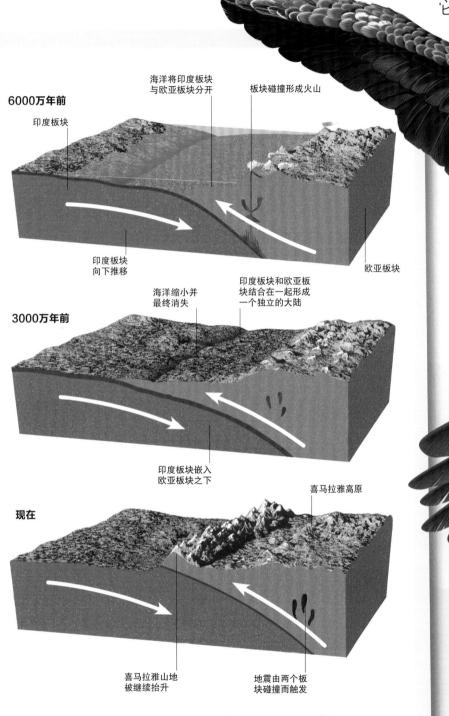

6000万年前

印度板块

海洋将印度板块与欧亚板块分开

板块碰撞形成火山

印度板块向下推移

欧亚板块

3000万年前

海洋缩小并最终消失

印度板块和欧亚板块结合在一起形成一个独立的大陆

印度板块嵌入欧亚板块之下

现在

喜马拉雅高原

喜马拉雅山地被继续抬升

地震由两个板块碰撞而触发

爪子用来抓住骨头

羽毛覆盖的腿

喜马拉雅山是如何形成的

大约6000万年前，当地壳的两部分发生碰撞时，喜马拉雅山开始形成。其中一部分——印度板块——向北朝着更大的欧亚板块漂移。两个板块之间的海洋面积不断缩小，并最终消失。在碰撞过程中，印度板块嵌入欧亚板块之下，抬升了喜马拉雅山。如今，印度板块仍然以每年约5厘米（约2英寸）的速度向北移动。

破骨髭兀鹫

髭兀鹫在山坡上空翱翔。它们以动物尸体坚硬的骨头为食，它们具有一种特殊技能，可以获取骨头里带汁的骨髓。它们捡起骨头，从高处扔下，这些骨头在地面岩石上摔得粉碎，它们以此来获取骨髓

山顶猫科动物

  雪豹在海拔6000米（约19685英尺）的地方生活，这里比其他大型猫科动物的居住地都高。它们的皮毛很厚而且很温暖，在雪地上狩猎时，它们苍白的颜色有助于隐藏自己。它们长有特别的长尾巴和毛茸茸的软垫爪子，它们躺下睡觉时可以舒适地蜷缩起来

翅膀上羽毛散开，
帮助兀鹫飞翔

制作干草

与其他兀鹫不同，这
种鸟头部长有羽毛，
用来保暖

鸟喙两边都
有羽状胡须

骨头裂开，
露出骨髓

年复一年使
用同一岩石

  鼠兔属于兔子家族的小型哺乳动物，尽管它们看起来更像大耳朵的啮齿动物。它们生活在岩石裂缝中，为了顺利过冬，鼠兔会收集植物并且使它们干燥得像干草一样。鼠兔经常收集超过它们食量的植物——这是一个有效的预防措施，以防遭遇不同寻常的漫长而艰难的冬季

词汇表

三画

山顶

山顶是指山的顶部。

小丘

小丘是指被草原包围着的一堆岩石或巨石。

小海湾

小海湾是指海中狭窄的水湾。

四画

气味腺

气味腺是动物身上一个特殊器官，能分泌一种气味持久的物质。动物利用这些气味可以找到彼此，避开天敌，标记领地。

片岩

片岩是一种很容易开裂成小薄片或稍大一些厚片的岩石。

火山口

火山口是指在火山顶部由火山喷发形成的碗状空洞。

火山热点

火山热点是指地壳深处炽热熔岩产生的地方。与普通火山不同，火山热点可以数百万年保持活跃状态。

水坝

水坝是指用来阻拦河水、抬高水位的建筑物。建造水坝可用于蓄水，驱动涡轮机发电。

水渠

水渠是指一片狭长的水域。

五画

石灰岩

微小的贝壳或矿物碎片在海底沉积、固化所形成的岩石称为石灰岩。

灭绝

指动植物完全消失。

幼虫

幼虫是指昆虫在成虫之前的幼体，在变为成虫时，形态会发生改变。与成虫不同，幼虫没有翅膀。

六画

地衣

地衣是类似于植物的一种生物，生长在岩石或树上。它们由两种不同部分——真菌和微型藻类构成。

地壳

地壳是指坚硬的地球外表，包括所有的大陆以及海底岩石。

地质断层

地壳中压力释放的地方，就会出现地质断层线。这往往与地震有关。

页岩

页岩是指由沉淀在水中的泥土或黏土的微小颗粒所构成的岩石。因为颗粒很小，页岩往往有一种光滑的感觉。

迁徙

迁徙是指动物进行的漫长旅程。动物迁徙是为了避开寒冷的冬季，在食物丰富的地方养育后代。

伪装

伪装是指用颜色和形态使自己融入背景环境中来保护自己。

冰山

冰山是指从冰川上断裂并且漂浮到海上的巨大冰块。

冰川

冰川是指缓慢移动的巨大冰河。在自身重力作用下，冰川向下移动。

冰架

冰架是指远远地延伸到大海的冰川。

冰盖

冰盖是指把陆地完全覆盖的巨大冰层。

七画

沙洲

沙洲是由珊瑚沙构成的地势较低的小岛，涨潮时常被海水淹没。

沉积岩

沉积岩是指由沉积的小颗粒或者化石材料构成的岩石。常见的沉积岩有砂岩、石灰岩和页岩。

八画

板块

板块是指一块巨大的地壳。整个地球表面被分割成多个板块。在火山热能的推动下，这些板块在缓慢地移动。

雨林

雨林是指一年四季暴雨连连的森林。大多数雨林分布在热带，但是，它们在世界上比较寒冷的海岸边也有分布。

雨季

在热带地区，一年中有一个季节几乎每天都有暴雨，称为雨季。当风向变换，云从海上吹到内陆的时候，雨季就开始了。

矿物

矿物是指构成岩石的化学物质。

昆虫腹部

昆虫腹部指昆虫身体的后部。对某些昆虫而言，其腹部以一个螯刺为末端。

物种

物种是指植物、动物或者其他生物的一个种类。

侧行

侧行是沙漠中一些蛇的移动方式。侧行蛇将身体横向收缩抛向空中前行，而不是在地上蜿蜒穿行。

孢子

孢子是指像种子似的微小颗粒，但比种子更小、更简单。蕨类植物和真菌类植物通过孢子传播繁殖。

九画

珊瑚

珊瑚是一种很小的海洋生物，通常生活在硬壳中。数年后，这些硬壳能构建珊瑚礁。

珊瑚白化

珊瑚白化是指使珊瑚变白的现象。当环绕珊瑚礁的海水温度过高时，珊瑚白化就会发生。

茧

昆虫或者蜘蛛制作的丝质外壳。昆虫幼虫把自己封闭在茧内，完成蜕变形成成虫的过程。

砂岩

砂岩是由小颗粒的沙子牢固黏合在一起所构成的一种岩石。

恢复野生的动物

是指成功逃脱并一直在野外生活的动物。

峡谷

峡谷是指陡峭狭窄的山谷，由河流缓慢侵蚀松软岩石而成。

峡湾

冰川侵蚀生出深谷，随后海平面上升，山谷被水淹没，形成峡湾。

适应

适应是指改变外形或行为以适应新的生活方式。所有的生物都需要适应，但它是一个非常缓慢的过程，可能需要数百年甚至数千年。

保护

保护是指保护自然栖息地和野生动植物的过程。保护工作可以在野生环境、研究中心或者动物园等不同地方进行。

侵蚀

任何磨损岩石或使岩石破碎成更小碎片的过程称为侵蚀。侵蚀可以由很多方式引起，包括冰川、河流、海浪和风。

泉

泉是指地下水从地表涌出的地方。在地球某些地方，泉水是热的，那是因为水被地下的火山岩加热了。

食肉动物

任何以动物为食的动物都可以被称为食肉动物。大多数食肉动物是狩猎者，但有些食肉动物以尸体残骸为食。

食草动物

食草动物是指主要以草为食的动物，包括羚羊、斑马和牛等。

冠盖

冠盖是指森林顶部厚厚的一层由树叶和树枝构成的部分。

十画

捕食者

捕食者是任何一种以捕捉和猎杀其他动物为食的动物。大多数捕食者是一个接一个地猎食其他动物，但是另一些捕食者，如鲸鱼，则是张开大口一下子吞食很多动物。

高原

高原是指地势较高的平原。

浮冰块

浮冰块是指漂浮在海面上的巨大冰块。与冰山不同，浮冰块是海水表面结冰形成的。

十一画

常绿植物

常绿植物是指一年四季都长有叶子的植物。大多数热带雨林中的树木都是常绿植物，其中大部分为针叶树，如冷杉和松树。

悬谷

悬谷是指在主山谷上方悬着的次生山谷，由冰川侵蚀形成。

猎物

被捕食者捕获并吃掉的动物称为猎物。许多猎物仅以植物为食，但有些猎物本身也是捕食者。

深渊

深渊指地球表面很深的裂缝，或者中空的巨型地下空间。

寄生虫

一种动物为了获取食物，寄居在其他动物身上或者依靠其他动物生活，这种动物就是寄生虫。它们的体形通常比它们所依赖的动物小得多。

十二画

植被

植被是指在特定地方生长的所有植物。

裂谷

在地壳裂开的地方形成的像沟渠似的巨大山谷称为裂谷。

堡礁

堡礁是指长长的珊瑚礁体，开阔的水域或潟湖将堡礁与海岸隔开。

温泉

温泉是指不断从地下涌出热水的地方。

十三画

触角

动物的感觉器官之一。昆虫有两个触角，但有些动物有4个触角。

十四画

孵化

孵化是指伏在卵上保持其温暖直到新生命破卵而出的过程。

熔岩

熔岩是从火山中喷发出来的炙热的熔化的岩浆。

熔岩流

熔岩流是指像河流一样，沿着火山山坡倾泻而下的流动熔岩。

十六画

凝结

凝结是指由气体变成液体或由液体变成固体。空气中的水汽凝结，形成露珠。

濒临绝种

用来形容正在迅速消失和面临灭绝的任何生物。

十七画

礁

礁是指离海面很近的珊瑚或者岩石露出水面的部分。

十八画

藤本植物

藤本植物是指缠绕着支撑物向上生长的植物。

索 引

Credits

David Burnie would like to thank Kim Dennis-Bryan, for her valuable help as consultant, Marilou Prokopiou and Smiljka Surla for design, and in particular Andrea Mills for editing and contributing to the text.

Dorling Kindersley would like to thank Lynn Bresler for the index and proofreading, Fran Vargo for picture research, and Paul Beebee and the team at Beehive Illustration.

The publisher would also like to thank the following for their kind permission to reproduce their photographs:

(Key: a-above; b-below/bottom; c-centre; l-left; r-right; t-top)

6 Corbis: Roger Ressmeyer (cl); Galen Rowell (br); zefa/Werner H. Mueller (bl). 7 Photoshot: World Pictures/Rick Strange (cl). 8 Getty Images: The Image Bank/Kerrick James (b). 8-9 SuperStock: Carmel Studios. 9 Corbis: Craig Lovell (bl); Marc Muench (ca); Ron Watts (br). NOAA: Landsat (tr). SuperStock: Dan Leffel (cb). 12 FLPA: Minden Pictures/Frans Lanting (br). 13 Alamy Images: William Leaman. 14 Bryan and Cherry Alexander Photography: (cb). Corbis: Galen Rowell (ca). FLPA: Minden Pictures (b). Getty Images: National Geographic/Maria Stenzel (t). 14-15 Bryan and Cherry Alexander Photography. 15 Corbis: Rick Price (c). Science Photo Library: Doug Allan (b). 18 Bryan and Cherry Alexander Photography: (r). 19 naturepl. com: Doug Allan (tr). 20 Alamy Images: Jacques Jangoux (c); Sue Cunningham Photographic (b). 20-21 Altitude: Arthus-Bertrand Yann. 21 Alamy Images: Edward Parker (b); Sue Cunningham Photographic (ca) (cb). Corbis: Sygma/Collart Herve (t). 26-27 Corbis: Bo Zaunders. 27 Alamy Images: blickwinkel (bl); David Robertson (cr). Corbis: Yann Arthus-Bertrand (tl); Sygma/Giry Daniel (br). Still Pictures: Thomas Haertrich (cl). SuperStock: Yoshio Tomii (tr). 31 Alamy Images: tbkmedia.de (bc) (br). 32 Corbis: Gabriela Staebler (cr). naturepl.com: Anup Shah (br). Photoshot / World Pictures: bild (bl). Science Photo Library: Bernhard Edmaier (cl). 32-33 Corbis: Nik Wheeler. 33 Alamy Images: Images of Africa Photobank (c). Getty Images: Stone/Christopher Arnesen (b). 36 Ardea: Tom & Pat Leeson (tl). 37 Alamy Images: Martin Harvey (c). Corbis: Joe McDonald (br). 38 Alamy Images: Bryan Lowry (bl). Photolibrary: Vince Cavataio (br). 38-39 Photolibrary: Joe Carini. 39 Alamy Images: Photolibrary (cl). Photolibrary: Joe Carini (tr). Science Photo Library: NASA (tl). 43 Alamy Images: Douglas Peebles Photography (br); Photo Source Hawaii/Jack Jeffrey (cl); Bill Waldman (t). Corbis: W. Wayne Lockwood (cr). FLPA: Minden Pictures (clb); Mandal Ranjit (bl). Forest & Kim Starr: (crb). naturepl.com: Rod Williams (cra). Photoshot / NHPA: Stephen Dalton (cla). 44 Corbis: Theo Allofs (cl). FLPA: Minden Pictures (r). Getty Images: Stone/Martin Barraud (l). Photolibrary: Doug Perrine (cr). 44-45 Imagestate: Hoa-Qui/Emmanuel Valentin. 45 Image Quest 3-D: Carlos Villoch (tr). PA Photos: AP/Ove Hoegh-Guldberg (tl). 50 Corbis: Peter Johnson (cr). Hemispheres Images: Franck Guizou (cl) (tr). naturepl.com: Ingo Arndt (tl). 50-51 Imagestate: Colin Mead. 51 Getty Images: Frans Lemmens (bl). Hemispheres Images: Patrick Frilet (br). 54 FLPA: Minden Pictures (tr). 55 Alamy Images: Arco Images (c). 56-57 Alamy Images: Craig Lovell. 57 Alamy Images: mediacolor's (clb). Camera Press: Gamma/Aalain Buu (tr). Corbis: Galen Rowell (tl). NASA: (bl). naturepl.com: Leo & Mandy Dickinson (crb). Photolibrary: Colin Monteath (br). 61 Ardea: Tom & Pat Leeson (br). Photoshot / NHPA: Andy Rouse (t).

All other images ©Dorling Kindersley For further information see: www.dkimages.com